"十三五"职业教育国家规划教材

网页 UI 设计

◎主　编　钟爱青　谢冠怀

◎副主编　梁厚发　张源泉

◎参　编　范小丹　但金燃　刘　专

电子工业出版社·

Publishing House of Electronics Industry

北京·BEIJING

内 容 简 介

本书是针对网页 UI 设计师岗位能力培养开发的教材，采用基于工作过程系统化的编写模式，融入了世界技能大赛网站设计项目的技术标准及网页页面设计相关知识。主要内容包括页面草图绘制、页面原型设计、网页页面设计、App 产品原型设计，涉及栅格系统、FontAwesome 开源图标字体的应用，以及 Photoshop、Adobe illustrator（AI）、Axure 软件等相关技术。本书以世界技能大赛项目为引领，结合学生对设计知识的学习迁移过程，对任务采用渐进式安排，最终形成以赛促教、紧贴企业实践的一体化教材。

本书可作为职业院校培养网页 UI 设计师岗位能力的入门教材，或者世界技能大赛网页设计项目布局模块的培训教材，也可作为网页 UI 设计人员的自学用书。

图书在版编目（CIP）数据

网页 UI 设计 / 钟爱青，谢冠怀主编. —北京：电子工业出版社，2018.8

ISBN 978-7-121-33741-3

Ⅰ. ①网… Ⅱ. ①钟… ②谢… Ⅲ. ①网页—制作—职业教育—教材 Ⅳ. ①TP393.092.2

中国版本图书馆 CIP 数据核字（2018）第 036834 号

策划编辑：张　凌
责任编辑：张　凌
印　　刷：北京七彩京通数码快印有限公司
装　　订：北京七彩京通数码快印有限公司
出版发行：电子工业出版社
　　　　　北京市海淀区万寿路 173 信箱　邮编 100036
开　　本：787×1092　1/16　印张：16　字数：410 千字
版　　次：2018 年 8 月第 1 版
印　　次：2025 年 1 月第 16 次印刷
定　　价：38.00 元

前　言
PREFACE

"顾客就是上帝"，最大限度地满足用户越来越高的体验要求，已经成为现代产品开发最基本的前提了。因此，产品经理在公司中的作用显得越来越重要。网页 UI 设计师已经从"网页美工"中慢慢地分离出来，演变成了一个热门的技术岗位。

本书具有以下特点：

1. 开发流程建立在工作过程系统化上

本书严格按照工作过程系统化的开发流程标准，从网站开发的制作过程出发，明确行动方向，将"原型设计"行动领域转化为学习领域，将目标定位于培养网页 UI 设计师。

2. 帮助学生明确企业对网页 UI 设计师的要求

为了让学生学习的技术避免"出师未捷身先死"的尴尬，我们以世界技能大赛的标准来制定教材的数学要求，然后再引入课堂，既符合工学结合一体化课程改革的要求，又使学生在学习这门课程之后能够认知最新的行业标准。通过对众多网站开发工作的任务分析及市场调研，我们很清晰地认识到网页 UI 设计师涉足的代表性领域有设计网站页面原型设计、交互原型设计和流程原型设计。除了熟练掌握网页、App 等页面的原型草图绘制，使用 Photoshop、AI 软件设计界面效果图，使用 Axure 等主流原型软件设计界面原型、交互原型和流程原型这几项专业技能之外，还需要在沟通方面具备超强能力的全面发展型人才才能够胜任网页 UI 设计师这一重要岗位。

3. 项目引领、任务驱动

本书在知识和技能编排上，让完整的项目情境贯穿整个教材，项目一为页面草图绘制（以用户体验为重点），加入了对整体项目的分析、规划；项目二为页面原型设计（以页面布局、响应式页面、设计流程、产品与客户的交互为重点）；项目三为网页页面设计（以色彩搭配和设计细节为重点）；项目四为 App 产品原型设计（以对 App 产品特征的设计为重点）。

每个项目以项目简介、项目情境、项目分析和能力目标作为项目的引入，在每个任务中设置了学习目标、任务描述、知识学习与课堂练习、任务实施、任务回顾、任务拓展 6 个环节。

在任务的编排上，为了解决职业院校学生审美感不足的现状，我们按照先学习理论，再模仿掌握、自主创新的顺序来编排教材，分别设计了"任务分析""知识学习与课堂练习""任务实施""任务拓展"四大环节来对应。

书中提到的附件及相关素材可登录华信教育资源网（www.hxedu.com.cn）进行下载。

本书是广东省机械技师学院"创建全国一流技师学院项目"成果——"一体化"精品系列教材之一。本系列教材以"基于工作过程的一体化"为特色，通过典型工作任务，创设实际工作场境，让学生扮演工作中的不同角色，在教师的引导下完成不同的工作任务，并进行适度的岗位训练，达到培养提高学生综合职业能力的目标，为学生的可持续发展奠定基础。

本书由钟爱青、谢冠怀任主编，梁厚发、张源泉任副主编。钟爱青负责整个框架的制定、统稿及项目一、项目二的编写工作，梁厚发、张源泉负责项目三的编写工作，谢冠怀负责项目四的编写工作，范小丹、但金燃、刘专参与各任务教学实验的编写工作。

由于编者水平有限，书中难免会存在疏漏与不足，欢迎广大读者批评指正。

钟爱青

2018 年于广州

目　录
CONTENTS

项目一

页面草图绘制

项目简介

　　在项目初期，我们需要弄清楚用户想要的是什么，所以大部分项目都需要从手绘草图开始。这个阶段是需要合作的，当我们画好了一些简单的方形和缩略图之后，需要展示给团队、客户，如果需要，还要找一些用户做测试，得到客户反馈后，再进行修改和完善。

　　本项目通过任务 1 "手绘草图"学习网页布局的基本知识，学会手绘指定网页的草图；通过任务2 "手绘流程图"学习手绘网站的站点地图及流程。

项目情境

　　某卡车公司（以下简称 X 公司）被新公司收购后，为加强企业宣传力度、提高营业额，决定对原有的旧网站进行改版，要求对页面进行重新设计，适应现在移动用户的浏览需求，同时希望页面设计在保证企业标识不变的情况下更加高大上，引领行业设计潮流。

　　如图 1.1-1 所示是 X 公司旧网站，现要对旧网站进行改版，当用户通过计算机、平板电脑或智能手机访问网站时，要求页面可以在不同分辨率的多个设备上运行，使用户可进行选择的浏览体验。

　　我们将通过四个项目来学习如何重新设计该网站。

　　项目一　页面草图绘制：学习如何构思设计及如何记录自己的构思。

　　项目二　页面原型设计：学习如何将草图细化为交互原型。

　　项目三　网页页面界面设计：学习如何设计网页的元素、颜色、美观等。

　　项目四　App 产品原型设计：学习如何设计基于手机的 App 产品。

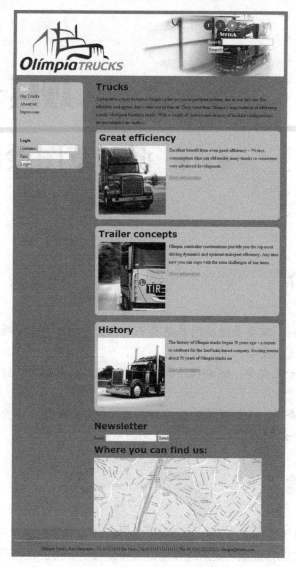

图 1.1-1　X 公司旧网站

 项目分析

　　UI 设计即用户界面设计，包括人机交互、操作逻辑和界面美观的整体设计。

　　常见的 UI 设计分类包括手机界面设计、网站界面设计、软件用户界面设计和游戏界面设计等。

　　优秀的界面设计包括以下步骤。

　　1. 构思。在了解客户需求之后，发挥想像力，将你想到的"构思"画出来（用笔和纸或者软件），构思过程不讲究细腻工整，也不必考虑细节，只要几条简单的线条勾画出创意的轮廓即可。尽可能的多构思一些，以便选择一个最适合的进行搭建。

　　2. 粗略布局。将重要元素和网页结构相结合，看看框架是否合理、是否适合客户需求。

3．完善布局。根据客户要求将其所需的内容有条理的融入整个框架中，需要通过对图片的处理、空间的合理利用进行布局。

4．深入优化。针对细节与色彩进行修改和优化，根据客户反馈对现有的界面进行适当的调整，直至客户满意。

 注意

网页界面交互设计，只要是在现阶段现有的资源下最适合客户需求的就是"最好"的。

视觉设计师让前端工程师100%实现设计效果的几个关键点如下。

1．前期：多方沟通确认。

（1）原型是沟通的依据。

前面所说的设计师的"构思"，工程师不一定能完全实现，就算是勉强实现最后也不一定是设计师想要的效果。在视觉定稿前的沟通是很依赖原型的，所以在设计原型时就要想好对应的图层结构、交互特效，并和工程师做好交流，是否可以实现，功能的评估一定要细致，否则会浪费大量的人力成本。

（2）熟悉设计环境规范。

原型必须遵循设计规范，无论在何系统下进行设计都有对应的设计规范文档，否则会影响设计在实现时能否被正常显示。不遵循规范的设计，非但不能说服别人，还会让你的团队感受到你的不专业及增加矛盾隐患。

2．中期：制定明确的项目设计规范。

前期的视觉设计稿经沟通确认后，应做一份详细的视觉规范和页面标注（视觉和技术之间的书面沟通）。详尽有效的视觉规范可以减少沟通成本，也可以细致地标出视觉状态供技术（工程师）参考。

3．后期：还原跟进、反复验收。

工程师完成设计师部分内容后，就要开始校对，这时就需要尽可能地给出参照物，这个参照物就是你的高保真原型。对着高保真原型还原跟进最重要的是要细心和有耐心，设计师的细心程度要达到像素级才能高度还原，如果每个页面都有一些元素偏移几个像素，那全部页面就会有很大出入。在测试环境下逐一测试不同的状态页面，否则很可能到上线后你才发现有些页面的视觉还原有严重的问题。

设计用户界面是一系列的过程，它往往从一个点子或者一个需求开始，但所有这些都需要被转换成用户界面。同样的文字在不同的人看来，可能具有不同的意思，对抽象的概念总有不同的理解。所以只说这个应用里包涵"ABC"是远远不够的，我们需要让每个用户在不同的设备屏幕上都看到"ABC"，以及如何操作"ABC"。在你思考用户体验的时候，草图设计就可以帮助你把这些模糊的想法转换成可被视觉识别的用户界面。即便你已经知道自己的应用可以运用哪些操作，也需要草图设计帮助你去理解这些应用将如何达到用户期望。设计师们常常浪费太多时间与成本使用 PS 制作精致的方案草图，实际上，手绘具备更大的灵活性，它可以帮助你在缩减成本的同时开发更具原创性的方案草图。

手绘的方式可以使你很形象地掌握不同设备间的用户体验究竟是怎样的，不再让这些想法过于模糊。草图设计将使你的用户界面设计更清晰、更具视觉性，如图 1.1-2 所示。

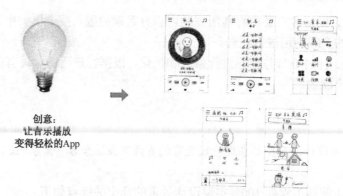

创意:
让音乐播放
变得轻松的App

将你的创意转化成用户界面

图 1.1-2　创意草图

　　想法总是源源不断的,在计算机上进行表达远远没有将它们放在简单的纸笔上来得快。人们可以随心所欲地控制手笔,但是在计算机上画出自己的想法,则需要进行多一层的思考,思考的间断可能会导致灵感丢失。手绘最棒的一点就是它能使设计变得自由。你可以随时随地记录自己的创意。

　　手绘草图不需要专业的绘图功底。哪怕你画得再难看,它仍旧很管用。草图设计关注的并不是你的艺术才能,它看中的是你如何去表达不同的界面设计理念。你在想法上任何一点细微的变动,都可以在草图设计时迅速地得到调整。这不像最后的产品原型设计,手绘草图不需要很美观,因此,不需要任何专业技能也可以操作它们。

能力目标

　　能够利用笔、纸等简单工具手绘 UI 草图。
　　能够根据绘制的 UI 草图制作流程。

任务1　手绘草图

学习目标

　　能够利用纸、笔等简单工具手绘 UI 草图。

任务描述

　　学习网页布局基本知识。
　　根据客户需求,利用纸、笔等简单工具手绘 UI 草图。

📟 知识学习与课堂练习

1.1.1 网页布局的基本知识

网页是由各种视觉元素组成的，一般有标题、网站 logo、页眉、页脚、主体内容、功能区、导航区、广告栏等。

网页按照内容一般可以划分为以下几个部分，如图 1.1-3 所示。

（1）顶部，包括了 logo、menu 和一幅 banner 图片。

（2）内容部分，又可分为侧边栏、主体内容。

（3）底部，包括一些版权信息。

图 1.1-3　网页界面结构

如果把网页中的不同部分看成一个一个的"矩形块"，把多个"矩形块"按照行和列的方式从上往下，从左往右组织起来，就构成了一个网页。网页布局就是对这些块的排列组合，如图 1.1-4 所示。

图 1.1-4　网页布局

从图 1.1-4 中可以看出，该网页的整体布局结构划分为四行（从上到下），第一行制作 logo，第二行制作导航，第三行制作内容，第四行制作版权信息。第三行又拆分为两列（从左到右），分别在左、右两列制作不同的内容。所有的网页布局都可以从如图 1.1-5 所示的布局结构原型上变形而来，如图 1.1-6 所示。

图 1.1-5　网页的布局结构

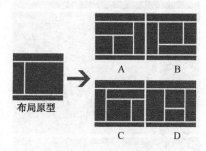

图 1.1-6　布局的变化

网页布局其实就是排版，排版就是将有限的视觉元素进行有机的排列组合，让逻辑清晰、阅读顺畅、交互便捷，产生良好的体验。

排版早已广泛应用于平面媒体中的报纸、书刊杂志中，同样也适用于网页设计，但因为网页有自己的特性，所以排版也有所不同：

- 交互性（可操作、即时响应、状态变化，要求不但美观更要好用）。
- 呈现媒介（PC、手机、平板电脑、电视、投影等，需要考虑呈现尺寸及色彩）。
- 技术性（HTML 和 CSS 不断升级，对网页排版的支持更加全面和高效）。
- 多媒体（文字、图片、视频）。

网页布局不仅是影响页面内部设计的重要因素，还是衡量网页用户体验好坏的重要指标，而且会影响搜索引擎对页面的收录。

 思考：你觉得一个网页应该由哪些部分组成？

课堂练习1 看网站绘制草图一

利用 2 分钟时间观看老师给出的一套网站（图 1.1-7），然后用 30 秒的时间绘制出网页的组成部分。

图 1.1-7 阿发甜点网站 PC 端网页

绘制结果如图 1.1-8 所示。

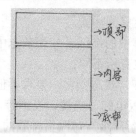

图 1.1-8 阿发甜点网站 PC 端网页的组成部分

1.1.2 响应式网页布局的设计特点

　　因为 PC 端互联网加速向移动端迁移，移动互联网已经成为 Internet 的重要组成部分。响应式网页设计的出现，能够为移动设备用户提供更好的体验，并且整合从计算机桌面到手机的各种屏幕尺寸和分辨率，用技术使网页适应从小到大（到现在的超大）的不同分辨率的屏幕。

　　响应式网页设计就是指创建的网页能自动识别屏幕宽度，并做出相应的调整。它能够快捷地解决多设备显示适应问题。当然响应式网页设计不仅仅是关于屏幕分辨率自适应及自动缩放图片等问题，它更像一种对于设计的全新思维模式；原则是向下兼容、移动优先：交互和设计应以移动端为主，PC 端则作为移动端的一个扩展。

　　例如，同一个网页在不同终端的外观显示如图 1.1-9～图 1.1-11 所示。

图 1.1-9 某网站手机端页面

图 1.1-10　某网站平板电脑端页面

图 1.1-11　某网站 PC 端页面

　　对页面进行响应式的设计的实现，需要对相同内容进行不同宽度的布局设计，要兼容所有设备，布局响应时不可避免地需要对模块布局做一些变化，常见的有以下几种方式。

　　（1）布局不变，即页面中整体模块布局不发生变化，主要包括以下几种。

　　● 模块中内容挤压－拉伸，如图 1.1-12 所示。

图 1.1-12　挤压—拉伸（网页从手机端到 PC 端的模块变化 1）

● 模块中内容换行—平铺，如图 1.1-13 所示。

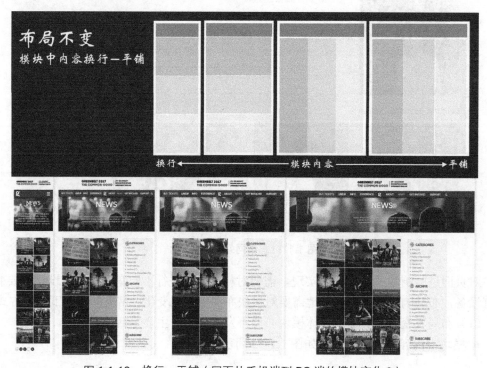

图 1.1-13　换行—平铺（网页从手机端到 PC 端的模块变化 2）

● 模块中内容删减—增加，如图 1.1-14 所示。

图 1.1-14　删减—增加（网页从手机端到 PC 端的模块变化 3）

（2）布局改变，即页面中的整体模块布局发生变化，主要包括以下几种。

● 模块位置变换，如图 1.1-15 所示。

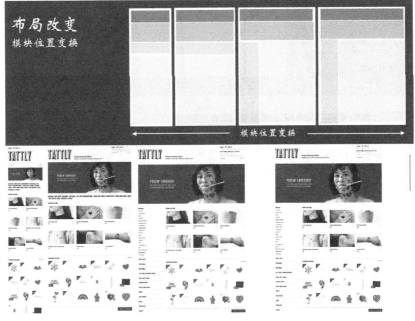

图 1.1-15　模块位置变换

● 模块展示方式改变，隐藏—展开，如图 1.1-16 所示。

图 1.1-16 模块展示方式改变（隐藏—展开）

- 模块数量改变，删减—增加，如图 1.1-17 所示。

图 1.1-17 模块数量改变（删除—增加）

很多时候，单一方式的布局响应无法满足理想效果，需要结合多种组合方式，但原则上尽可能保持简单轻巧，且统一逻辑。否则页面太过复杂，会影响整体体验和页面性能。

课堂练习 2 根据网页 PC 端的布局结构设计网页平板电脑端的布局结构

　　根据网页 PC 端的布局结构，设计出平板电脑端的布局结构。宽度从 1440px 变成 768px 的平板电脑端，如图 1.1-18 所示，顶部采用的是布局不变，模块中内容挤压，这里不再画出，而内容 2 采用了换行，内容 3 采用了挤压。底部也采用了换行，如图 1.1-19 所示。

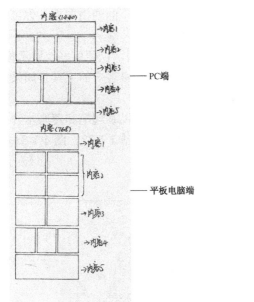

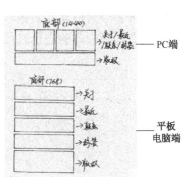

图 1.1-18　平板电脑端的内容布局的变化　　　　图 1.1-19　平板电脑端的底部布局的变化

课堂练习 3 根据网页平板电脑端的布局结构设计网页手机端的布局结构

　　根据网页平板电脑端的布局结构，设计出手机端的布局结构。宽度从 768px 变成 320px 的手机端，底部采用的是布局不变，模块中内容挤压，这里不再画出。顶部采用了隐藏，如图 1.1-20 所示。内容 2 采用了换行，内容 3 采用了模块数量删减，内容 4 采用了换行，内容 1 和内容 5 采用了挤压，如图 1.1-21 所示。

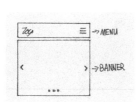

图 1.1-20　手机端的顶部菜单进行隐藏　　　　图 1.1-21　手机端的内容布局的变化

1.1.3 手绘草图的方法

找到合适的绘图工具很重要，常用的绘图工具如下。

- 钢笔、纸、铅笔、黑色及彩色的画笔（马克笔、记号笔、荧光笔）。
- 便利贴。
- 便携白板。拿一张旧的白板，裁成小块，制作成很多小的便携白板。你可以随身携带，也可以与印象笔记一起使用来记录工作和草图。
- 大尺寸速写本。用至少 14 英寸长的速写本为客户画图，以便更好地展示你的作品。
- 活动挂图。活动挂图和便携白板差不多，都是可以吸引客户的工具。如果是可粘贴的，就可以贴在墙上方便长时间的设计讨论。

如何开始绘制草图？其中重要的一点就是熟能生巧，所以拿起笔和速写本开始不停地涂鸦吧。同时还要多学习成功的案例，例如下面的例子，如图 1.1-22、图 1.1-23 所示。你看到从手绘草图到最终样本的进化过程了吗？

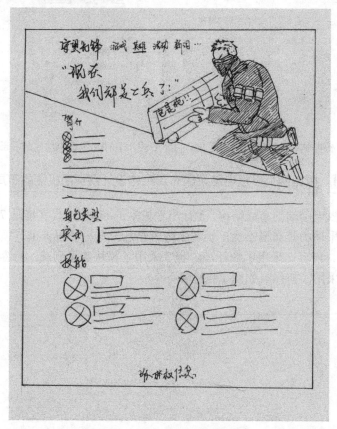

图 1.1-22 案例—手绘草图

图 1.1-23　案例—网页效果图

课堂练习4　看网站绘制草图二

　　在课堂练习1的基础上开始对网站进行详细绘制,在这里针对图1.1-7所示的网站进行草图绘制,如图1.1-24~图1.1-26所示。本课堂练习旨在引导学生熟悉草图绘制的基本知识,真正的草图绘制,需要思考一些问题:

　　(1)需提出目标用户及其所面临的问题?

　　(2)你的创意对解决这个问题有何帮助?

　　(3)产品如何使用——需要想出6种左右的用户与产品/功能交互或使用产品/功能解决问题的情景。

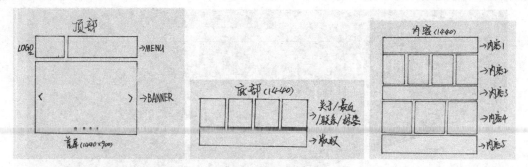

图 1.1-24　顶部的详细布局及结构　图 1.1-25　底部的详细布局及结构　图 1.1-26　内容的详细布局

根据阿发甜点网站的布局结构，为 Sweet Cake（甜甜蛋糕）网站设计出详细的布局结构，绘制出网站首页的最终草图方案如图 1.1-27 所示。

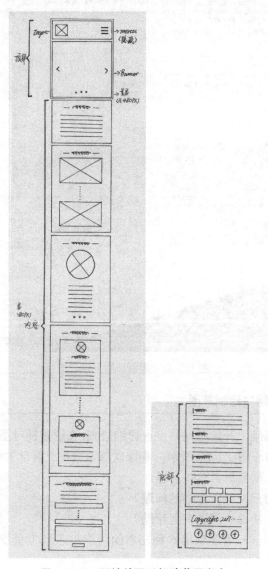

图 1.1-27　网站首页手机端草图方案

课堂练习5 绘制详细的网站首页平板电脑端和 PC 端草图

根据网站首页手机端的布局，绘制出详细的网站首页平板电脑端和 PC 端结构草图方案，如图 1.1-28、图 1.1-29 所示。

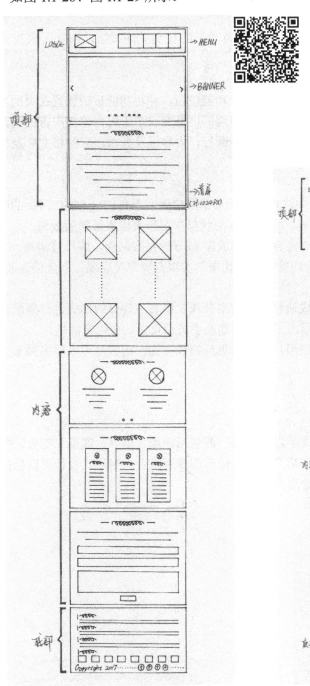

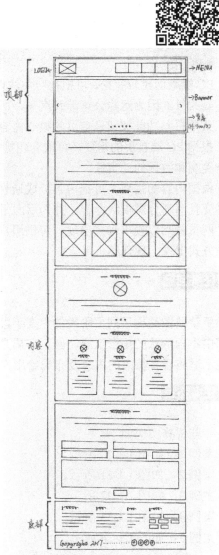

图 1.1-28　网站首页平板电脑端结构草图　　　　图 1.1-29　网站首页 PC 端结构草图

◎ **任务实施**

根据本节学习内容及项目情境为 X 公司网站手绘草图，需要绘制三种设备显示端的草图，可参考下面的一些分析来构思自己的设计。

- 手机端

手机端版面较小，可以采取隐藏菜单；取消顶部的社交关注按钮，内容区采用通栏形式。

- 平板电脑端

平板电脑端的版面相对缩小了，可减少一个功能按钮，并将功能按钮放置在页面左上角，相应的将菜单间隔变宽占据一行。平板电脑端的屏幕变长了，可将轮播广告的图片及广告词位置和大小进行适当的修改，保持首屏不断行。内容区及页脚相应的将文字及图片所占据的宽度变小，拉长占据的高度。

- PC 端

PC 端版面比较宽松，可把社交关注以图标的形式固定到右上角。logo 放在网页的中上部，显大气。因为运输公司涉及汽车，所以 logo 形状以半圆形突出象征轮胎效果。

菜单栏与功能按钮是首页的核心内容，分别放在 logo 的左右两侧，醒目且清晰。

根据 PC 端首屏的需要，可嵌套轮播广告，让顶部实现首屏完美表现，不会出现断行，影响美观和数据的连贯性。

根据内容的需要，可把内容分成通栏、左右平分或左中右三等分的形式进行搭配，布局多变且清晰分辨模块内容，并为后面平板电脑端及手机端页面的变化做铺垫。

网页最后以表单形式出现，可供用户进行意见反馈或咨询，而右侧可以以多种形式的联系方式出现，现代感十足。

任务回顾

手绘草图是构思网页阶段的主要手段；网页一般包括顶部、内容、底部三部分，每部分都由不同形状的矩形组成，网页布局是对这些矩形的排列组合；响应式设计可以根据设备展示适应设备特点的内容及布局给用户。

任务拓展

一些优秀实例如下。
案例 1，如图 1.1-30 所示。
案例 2，如图 1.1-31 所示。
案例 3，如图 1.1-32 所示。
案例 4，如图 1.1-33 所示。
案例 5，如图 1.1-34 所示。

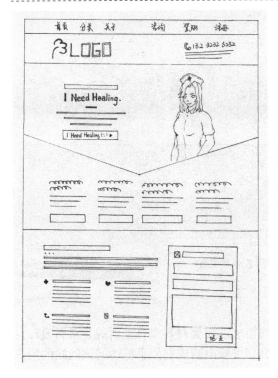

图 1.1-30 优秀案例 1 手绘草图

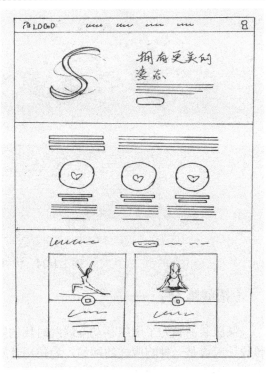

图 1.1-31 优秀案例 2 手绘草图

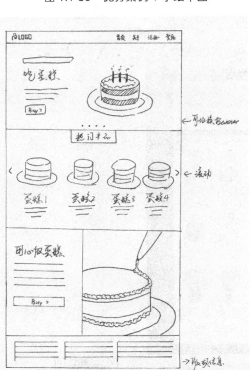

图 1.1-32 优秀案例 3 手绘草图

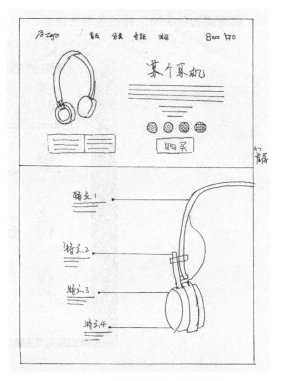

图 1.1-33 优秀案例 4 手绘草图

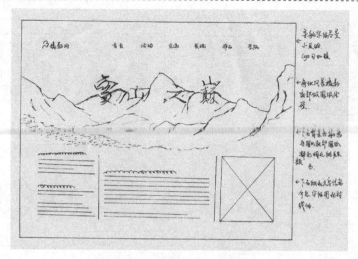

图 1.1-34　优秀案例 5 手绘草图

【拓展练习】

某服装品牌为了顺应移动互联网时代的购物需求，需要对其原有主页进行重新设计。该设计应该是一种响应式的网站，为使用计算机、平板电脑或智能手机访问该网站的用户提供一个最佳的视觉体验。

如图 1.1-35 所示为该公司旧网站页面，因版面的限制，裁掉中间部分，详细见附件文件，现需要为其绘制三种设备端的草图。

图 1.1-35　Nautica 公司旧网站页面

任务2　手绘流程图

学习目标

1. 能够下载安装 POP 交互设计软件。
2. 能够描述网站的结构及流程。
3. 能够使用 POP 交互设计软件进行流程制作。

任务描述

学习手绘网站站点地图。
学习手绘网站的流程图。
学习使用 POP 交互设计软件。

知识学习与课堂练习

1.2.1　绘制流程图

手绘流程图是为了方便设计者说明网站的结构及流程。

在任务 1 中已经学习了如何手绘网站某个网页的草图，而一个复杂的网站是由许多个网页组成的。当你完成了多个草图的绘制，就需要使用站点地图及流程图来厘清逻辑思路。

课堂练习 1　绘制站点地图及各页面 UI 图

如图 1.2-1 所示是某网站站点地图，现根据此例为 Sweet Cake 网站绘制出站点地图及各页面的 UI 图。

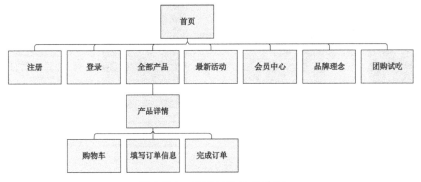

图 1.2-1　某网站的站点地图

课堂练习 2　手绘流程图

如图 1.2-2 所示为课堂练习 1 站点地图案例的流程图，利用课堂练习 1 完成的网站各页面的草图，制作 Sweet Cake 网站的流程图。

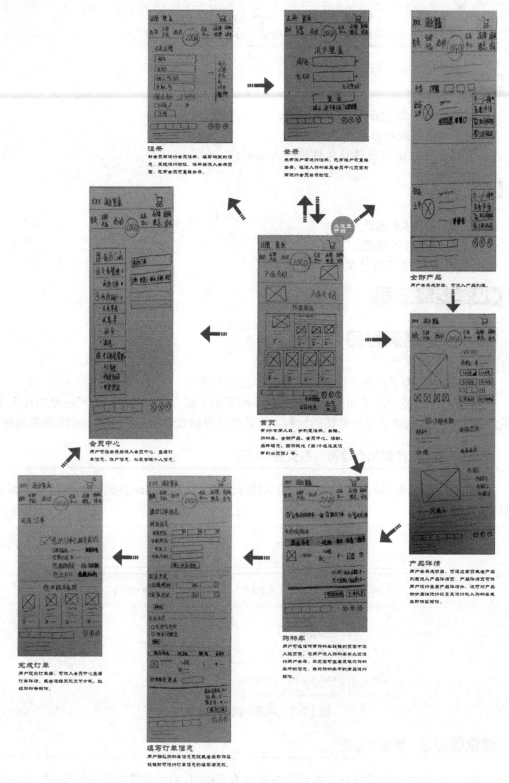

图 1.2-2　草图页面结构及流程图

如图 1.2-2 所示，该图是以完成一个购物流程为例设计的页面结构图，箭头表示各页面结构图之间的逻辑关系。

1.2.2 POP 软件

POP 是 Prototyping on Paper 纸上原型的简称。POP 交互设计软件是一款辅助交互展示应用软件，它实现了纸本流程动起来的可能，只要用手机拍下你的手绘草稿，在 POP 里设计好链接区域，马上就能变成可互动的原型，让你的点子不再是纸上谈兵，讨论起来更加实际与方便。

课堂练习3 使用 POP 软件

1. 下载安装 POP 软件

进入手机应用程序市场，在搜索栏里输入 POP，出现如图 1.2-3 所示的界面，选择并下载合适的 POP-Prototyping on Paper，自动安装后即可打开如图 1.2-4 所示的界面。

图 1.2-3 搜索并下载 POP

图 1.2-4 POP 软件首页

2. 在 POP 软件中模拟购买某个商品

【详细步骤】

（1）打开 POP 软件，新建 Project 并命名（此处以 sweet 为例），如图 1.2-5 所示。

（2）选择手机型号（屏幕大小），并完成创建 Project，如图 1.2-6 所示。

（3）导入草图。如图 1.2-7 所示，POP 软件自带四种导入方式，这里以从相册导入为例，请你根据需要自行选择导入方式。

（4）选择 "Import from Album"，弹出如图 1.2-8 所示的相册，选择"甜品"文件夹中的图片，该软件限制一次最多导入 10 张图片，依次选择你所需的图片进行导入。

图 1.2-5　新建 Project

图 1.2-6　选取手机型号并完成创建项目

图 1.2-7　导入草图

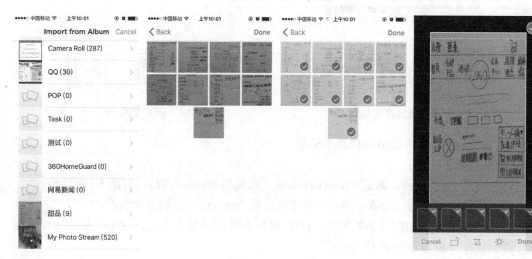

图 1.2-8　导入草图

（5）如图 1.2-9 所示，选择 sweet 项目，显示 sweet 中的所有草图。

（6）如图 1.2-10 所示，选择第一张草图，单击其中的草图按钮，出现"Delete（删除链接）"及"Link to（链接到）"选项，选择"Link to"出现如图 1.2-11 所示的界面，选择要链接的草图页面。

（7）页面选择完毕后如图 1.2-12 所示，按钮链接由红色变成绿色，重复步骤（6），直至按图 1.2-2 所示的草图页面结构及流程图完成所有的页面链接。

（8）页面链接完成后单击任意一张草图都会出现如图 1.2-13（a）所示的界面，可以进行播放、命名及描述草图、弹出设置菜单等操作，图 1.2-13（b）所示为命名及描述草图界面，图 1.2-13（c）所示为设置菜单界面。

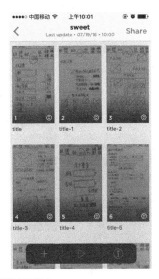

图 1.2-9　选择编辑项目

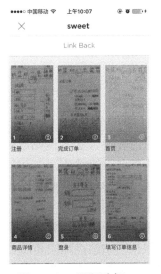

图 1.2-10　编辑页面　　　　图 1.2-11　页面选择

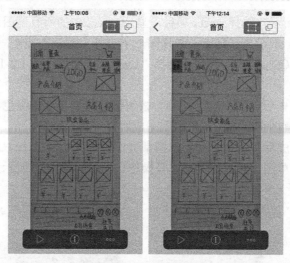

图 1.2-12　页面链接前后

（a）　　　　　　　　　　（b）　　　　　　　　　　（c）

图 1.2-13　页面链接完成可进行播放

任务实施

根据本节学习内容为 X 公司网站绘制流程图并对这些流程图进行流程制作，可参考下面的一些分析来构思自己的设计。

- 以小组形式（5～8 人）进行讨论：本组的网站页面风格、页面布局，并绘制出该公司的网站站点地图。
- 小组成员每人画一个网站页面，汇总网站的 UI 图，并利用手机进行 UI 图的拍摄。
- 小组成员根据网站站点地图和汇总的 UI 图，手绘网站的流程图。
- 小组成员根据最终的流程图，利用 POP 软件进行网站的流程制作及演示。

任务回顾

网站地图表示一个网站的结构，流程表示一个网站的逻辑；手绘流程图可以帮我们弄清楚网站的结构与逻辑。

任务拓展

为某服装品牌公司的新网站设计出一个完整的购物流程图，包含退换货等功能。

项目二

页面原型设计

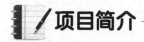 **项目简介**

　　根据与客户沟通的结果，在初步熟悉 Axure 软件的基础上进行页面原型制作、交互设计和流程设计，并将作品导出与客户进行深入沟通。

 项目分析

　　项目一介绍了在产品创意阶段使用纸笔绘制草图可以快速记录闪现的思路和灵感；利用 POP 软件进行网站的流程制作，在与客户讨论沟通时可以通过图形快速表达自己的产品设计思路，并及时地绘制出来。

　　本项目是页面原型设计，是继草图绘制后，将创意设计快速创建成网站线框图、原型、规格说明书、交互界面及带注释的 wireframe 网页，并自动生成用于演示的网页文件和 Word 文档，以供演示与开发等。

　　用 Axure 软件进行原型及交互设计会更加高效地让团队成员一起体验你的设计；在演示时可让客户体验到动态的原型；与客户交流会更清晰有效，更能明确客户需求。

能力目标

　　能够运用 Axure 软件制作网站的线框图。
　　能够运用 Axure 软件进行网站的交互设计。
　　能够运用 Axure 软件对网站的页面进行流程设计。
　　能够运用 Axure 软件发布及导出原型设计作品。

任务 1　认识 Axure 软件

✦ 学习目标

1. 能够下载安装 Axure 软件。
2. 能够掌握 Axure 软件的基本操作。

任务描述

初次接触 Axure 软件，能够下载及安装 Axure 软件，熟悉 Axure 软件的工作环境和不同工作面板的基本操作。

知识学习与课堂练习

Axure RP（RP 是 Rapid Prototyping 的缩写，意思为快速原型设计）是一个专业的快速原型设计工具，让负责定义需求和规格、设计功能和界面的专家能够快速创建应用软件或 Web 网站线框图、原型及规格说明书。目前全球有很多大公司和重要机构都在使用 Axure RP。

在 Axure 官网可以下载最新 Axure 版本的安装包（本书以 Axure RP 8.0 版本为例），安装包有 Windows 和 iOS 两个版本，用户可以根据自己使用的系统下载合适的版本。

2.1.1　软件安装

Axure RP 8.0 安装包下载成功就可以进行安装了。

课堂练习 1　安装 Axure RP 8.0 软件

步骤 1　找到 Axure 安装文件 AxureRP 8.0-Windows，如图 2.1-1 所示。

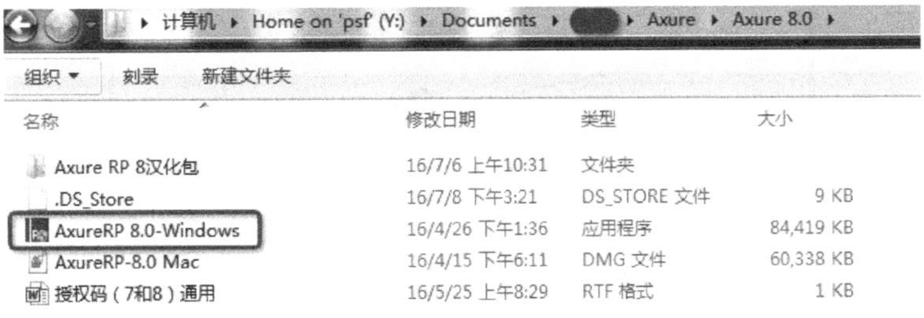

图 2.1-1　Axure RP 8.0 安装文件

步骤 2　双击运行该安装文件，如图 2.1-2 所示。

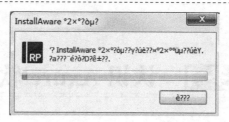

图 2.1-2　安装 Axure RP 8.0 软件

步骤 3　进入安装界面，如图 2.1-3 所示。

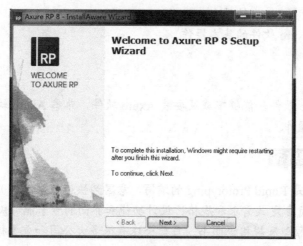

图 2.1-3　Axure RP 8.0 软件安装界面

步骤 4　进入安装协议，勾选"I Agree"，单击"Next"按钮，如图 2.1-4 所示。

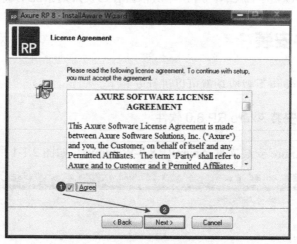

图 2.1-4　Axure RP 8.0 软件安装协议

步骤 5　设置 Axure 软件安装的位置，框中有默认的地址，也可通过"Browse…"按钮选择其他位置，然后单击"Next"按钮，如图 2.1-5 所示。

图 2.1-5　设置 Axure 软件安装位置

步骤 6　设置 Axure 软件文件夹的名称，可直接使用默认名"Axure"，单击"Next"按钮，如图 2.1-6 所示。

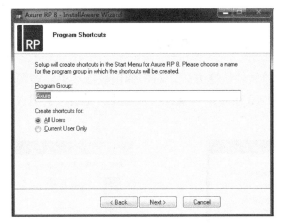

图 2.1-6　设置 Axure 软件文件夹名称

步骤 7　确认安装，单击"Next"按钮，如图 2.1-7 所示。弹出开始安装界面，如图 2.1-8 所示。

图 2.1-7　确认安装 Axure 软件

图 2.1-8　开始安装 Axure 软件

步骤 8 安装成功,如图 2.1-9 所示,单击"Next"按钮,运行软件,首次打开软件提示输入授权密钥窗口,如图 2.1-10 所示。在窗口中输入可用的用户名及密码即可提交完成软件的注册。

图 2.1-9　安装成功

图 2.1-10　输入授权密钥

课堂练习 2 汉化 Axure RP 8.0 软件

步骤 1 找到桌面的软件快捷方式,右击弹出快捷菜单,如图 2.1-11 所示。选择"属性"选项,弹出如图 2.1-12 所示的"属性"对话框,选择"打开文件位置"按钮,快速找到软件的安装位置。

图 2.1-11　快速查找软件位置 1

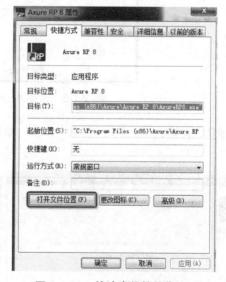

图 2.1-12　快速查找软件位置 2

步骤 2 在 Axure 的汉化包中,打开"lang"文件夹,把该文件夹复制到软件安装位置的根目录下,如图 2.1-13 所示。

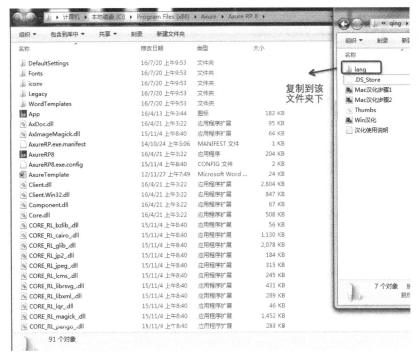

图 2.1-13 复制汉化包至 Axure 软件安装位置

步骤 3 完成软件的汉化后，重新打开 Axure 软件，查看汉化状态，汉化成功后软件界面如图 2.1-14 所示。

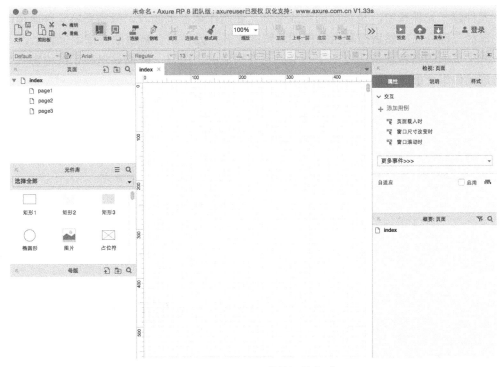

图 2.1-14 Axure 软件汉化完成

2.1.2 软件的工作环境

Axure 软件的工作环境如图 2.1-15 所示，包含菜单栏、工具栏、页面（站点地图）、元件面板、母版面板、线框图编辑区、元件属性和样式面板、概要面板等。

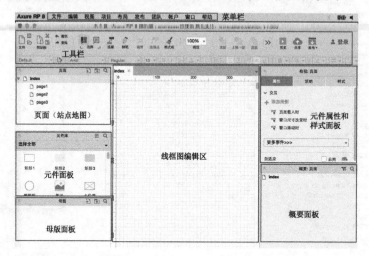

图 2.1-15　Axure 软件的工作环境

2.1.3 基本元件

元件位于元件库中，是页面的组成部分。在制作原型页面时，只需要将元件库里的元件用鼠标左键点住，然后拖动至线框图编辑区松开，元件就会被摆放在指定位置上。

一个页面的内容就是通过一个一个的元件构成的，所以一般网站里显示的内容我们都能通过元件组合出来，如图 2.1-16 所示。

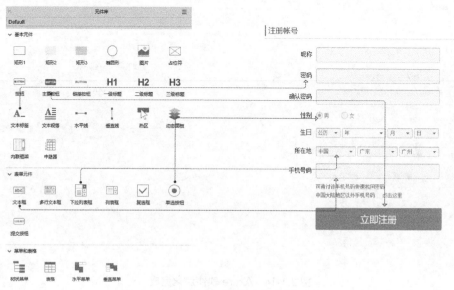

图 2.1-16　基本元件介绍

从图 2.1-16 所示可以看出，元件可以分为三类：基本元件，表单元件，菜单和表格。

1．基本元件

基本元件是组成各类原型的基本元素，如最常用的图片、文本标签、形状及线段。一级标题、二级标题及文本段落都是文本标签的不同表现形式。占位符和按钮则是在矩形元素基础上的改变。

热区用于为图片的某个部分添加链接。

动态面板是一个容器，它可以包含其他元件。

内联框架用来在页面中嵌入页面、音频、视频等。

中继器用来实现可以重复显示的列表，类似表格的形式。

2．表单元件

表单元件对应的是网页中用于输入数据的表单元素。例如，文本框和多行文本框，用于输入文字；下拉列表框和列表框，用于选择不同的选项；复选框和单选按钮分别用于多选和单选的输入。

3．菜单与表格

菜单用于网页的导航栏或功能选择。表格用于在页面中显示数据表，一般与中继器结合使用。

2.1.4 元件的样式与属性

如图 2.1-15 所示，软件界面的右侧是元件属性和样式面板。单击编辑区中的某一个元件时，这里就会显示该元件相应的属性与样式，如图 2.1-17、图 2.1-18 所示。

图 2.1-17　元件的属性面板

图 2.1-18　元件的样式面板

元件的属性并不是每个元件都一样，它们有的相同，有的部分相同或者完全不同。

课堂练习 3　创建一个 Axure 原型文件，绘制一些简单的形状，并将文件以自己的
名字命名保存在计算机桌面上

步骤 1　双击桌面 Axure 软件的快捷方式运行软件，在弹出如图 2.1-19 所示的窗口中
单击"新建文件"按钮。

图 2.1-19　新建文件

步骤 2　在左侧的元件面板中选择自己喜欢的元件，拖至线框图编辑区，然后在"文
件"菜单中选择"另存为"选项，弹出如图 2.1-20 所示的对话框，选择目标文件夹为"桌
面"，输入自己的名字（文件类型为.rp），单击"Save"（保存）按钮。

图 2.1-20　保存文件

课堂练习 4 根据图 1.2-1 所示的网站站点地图在页面窗口中创建如图 2.1-21 所示的企业网站页面结构

图 2.1-21 企业网站页面结构

步骤 1 打开/新建一个 .rp 文件，在左侧的"页面"面板中双击"index"重命名为"首页"（新建时默认有四个页面，一个父级页面，三个子级页面），如图 2.1-22 所示。

图 2.1-22 页面默认结构

步骤 2 在需要新增加页面/子页面的页面上右击，弹出如图 2.1-23 所示的快捷菜单，选择"添加"→"下方添加/子页面"，完成网站页面结构的创建。

图 2.1-23 添加页面/子页面菜单

◎ **任务实施**

根据本节学习内容利用 Axure 软件为 X 公司网站建立页面结构，可参考下面的一些分析来构思自己的设计。

● 利用 Axure 软件创建新的原型文件，命名为"X 公司网站原型 .rp"。

- 根据小组在项目一中所绘制的公司网站站点地图，在该文件中添加相应的网页页面，并对页面顺序及页面之间的关系进行调整。
- 根据创建完成的网站页面结构图进行生成流程图的操作，检验自己创建的网站页面是否正确。

任务回顾

可上网查阅相关的资料，认识 Axure 软件的基本界面与功能，最终完成 Axure 软件的安装、汉化，并掌握该软件的基本操作。

任务拓展

1. 创建一个自定义元件样式，如图 2.1-24 所示

图 2.1–24　自定义元件
样式（按钮）

步骤1　在"元件"面板中选取一个矩形元件拖放至"线框图编辑区"并完成如图 2.1-25 所示的设置：矩形尺寸为
160×50 像素，填充色为蓝色，无边框，圆角半径为 8，字体为 Arial，字号为 16 像素、白色。

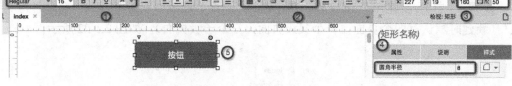

图 2.1-25　创建矩形部件

步骤2　在"元件属性和样式"面板中单击"创建"，弹出如图 2.1-26 所示的"元件样式管理"对话框，输入"新按钮"元件样式名称，单击"确定"按钮。

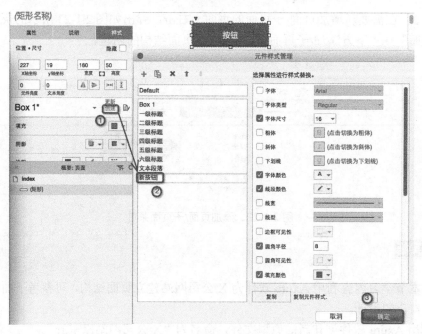

图 2.1-26　创建元件样式

步骤 3 在"元件"面板中选取两个矩形元件拖放至"线框图编辑区"并调整其大小，同时选中这两个矩形元件，并在"元件属性和样式"面板中选择"新按钮"样式，矩形元件会变成"新按钮"样式，如图 2.1-27 所示。

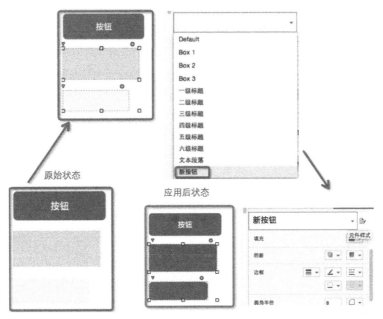

图 2.1-27 应用新创建的元件样式

步骤 4 选择任一个按钮，单击更改填充色，再单击"新按钮"样式右侧的"更新"选项，另外两个按钮也会跟着一起更改样式，如图 2.1-28 所示。

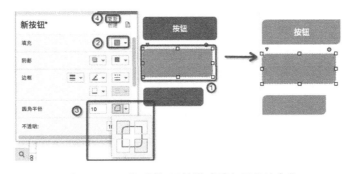

图 2.1-28 "更新"元件样式后各元件的变化

2. 文件备份与恢复

Axure 软件自带备份功能，可以避免断电或意外死机时，正在编辑的 Axure 文档的丢失，如图 2.1-29 所示。

单击"文件"→"自动备份设置"（图 2.1-29）进行备份设置，如图 2.1-30 所示，备份间隔时间默认设置为 15 分钟，也可以将备份间隔时间设置得稍短一些，以到达立即备份的效果。

单击"从备份中恢复"，弹出如图 2.1-31 所示的对话框。选择"显示文件范围"的时间，单击"恢复"按钮即可从备份中恢复相关文件。

数据的安全与意外从来都是并存的，要使损失降到最低，就要做好备份，这样数据才有安全性可言。

图 2.1-29　自动备份设置菜单

图 2.1-30　备份设置

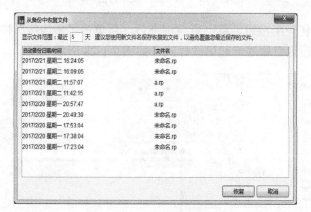

图 2.1-31　备份文件对话框

任务 2　使用 Axure 软件绘制页面原型

学习目标

能够使用 Axure 软件进行线框图的绘制。

任务描述

在项目一中，我们对响应式网站设计的特点有了初步的了解，并在与客户沟通后，根据 PC 端、平板电脑端、手机端的不同页面结构确定了最终的草图方案。在本任务中我们要根据各案例在不同设备上的网站页面设计要求，绘制三端的网站页面原型设计图。

知识学习与课堂练习

2.2.1 自适应视图

我们需要绘制三端（手机端、平板电脑端、PC 端）的页面原型，因为不同设备的分辨率不同，如表 2.2-1 所示。

表 2.2-1 各设备的典型分辨率

设　　备	分辨率（像素）
智能手机	320×480
平板电脑	768×1024
PC	1440×900

在相同类型的终端中，设备的分辨率也有很多，本任务中只根据最典型的分辨率来制作原型。

当完成了多个原型后，如何知道什么时候应该打开哪一个尺寸的原型呢？Axure RP 软件在 7.0 版本之后有一个新的功能，就是自适应视图。它能够自动识别浏览原型的设备分辨率，并根据不同的设备显示不同的页面原型。

课堂练习 1 根据三种设备的标准格式（分辨率，见表 2.2-1），在新建的原型设计文档里创建网站首页三种设备端的自适应视图

在打开的原型设计文档的"元件属性和样式"面板中，单击如图 2.2-1 所示的"管理自适应视图"按钮，弹出"自适应视图"对话框（图 2.2-2），在"预设"下拉列表中选择"手机纵向（320×任何以下）"选项（图 2.2-3），并修改"宽""高"值，如图 2.2-4 所示。利用相同的方法创建平板电脑端和 PC 端的页面视图（图 2.2-5），勾选"启用"选项（图 2.2-6），以显示三端视图的页面选项，如图 2.2-7 所示。

图 2.2-1 元件属性和样式面板

图 2.2-2 "自适应视图"对话框

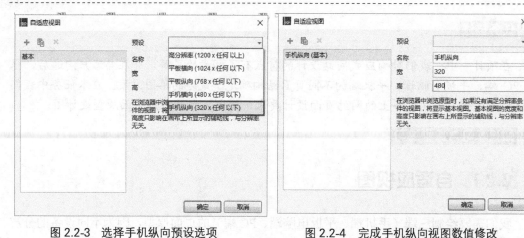

图 2.2-3　选择手机纵向预设选项　　　　　图 2.2-4　完成手机纵向视图数值修改

图 2.2-5　完成三端自适应视图的创建

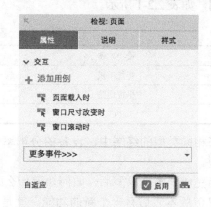

图 2.2-6　启用自适应视图

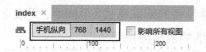

图 2.2-7　"启用"自适应视图页面后显示三端视图的页面选项

2.2.2　栅格系统

栅格系统也称为"网格系统",运用栅格系统设计版面布局,就是在有限的、固定的平面上,用水平线和垂直线将平面划分成有规律的一系列"格子",并依托这些格子或以格子的边界线为基准线,来进行有规律的版面布局,如图 2.2-8 所示为栅格系统示意图。

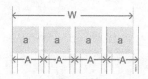

图 2.2-8　栅格系统示意图

栅格系统有很多不同的变形,从最初的 12 栅格和 16 栅格到现在 3~24 栅格。如图 2.2-9 所示展示了 3~16 栅格的栅格系统。

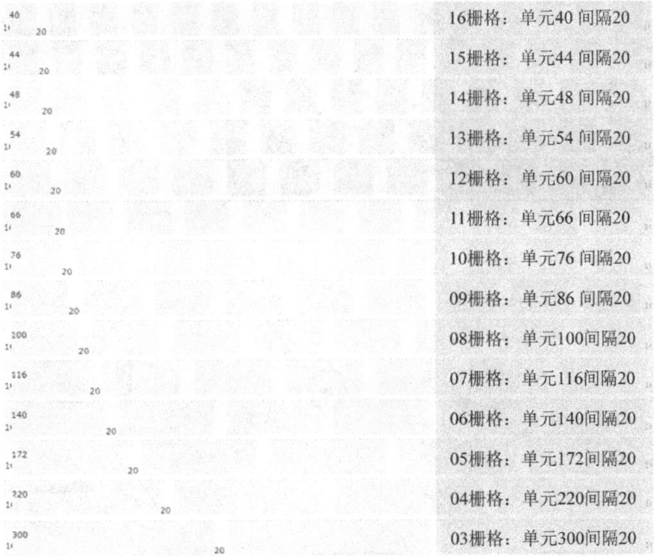

16栅格：单元40 间隔20
15栅格：单元44 间隔20
14栅格：单元48 间隔20
13栅格：单元54 间隔20
12栅格：单元60 间隔20
11栅格：单元66 间隔20
10栅格：单元76 间隔20
09栅格：单元86 间隔20
08栅格：单元100间隔20
07栅格：单元116间隔20
06栅格：单元140间隔20
05栅格：单元172间隔20
04栅格：单元220间隔20
03栅格：单元300间隔20

图 2.2-9 3～16 栅格的栅格系统

很多门户网站都采用了栅格系统，从而很好地规范了网站的信息布局和疏密程度。栅格系统既能指导页面的布局和留白，又不影响站点的个性化需求。如图 2.2-10、图 2.2-11 所示是一些网站的案例。

UX MAGAZINE
Technology
Design
Strategy
Interview Question
What do you have to do to get your way?
STAY CONNECTED
Twitter | Facebook | Email | RSS
E*TRADE
We are what we repeatedly do. Excellence, therefore, is not an act, but a habit.
SHORTNEWS
WHAT?
WHO?

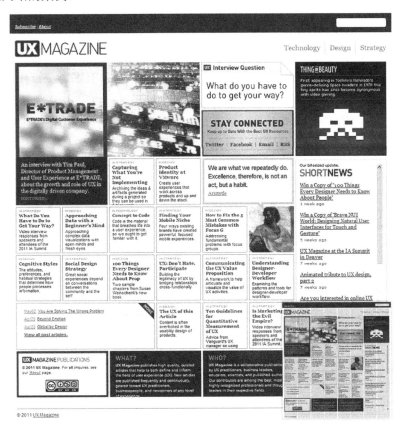

图 2.2-10 案例 1

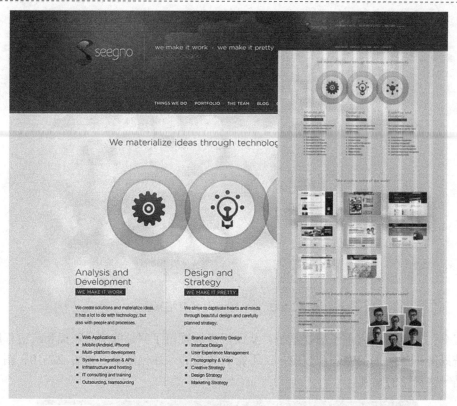

图 2.2-11　案例 2

　　现在网上有很多可以自动生成栅格化布局的在线工具，如 http://yulans.cn/tools/css-grid-maker.php，如图 2.2-12 所示。在栅格化布局样式表生成工具中设置栅格个数、栅格宽度、栅格间距，就可自动生成栅格化布局背景图片。如图 2.2-12 所示是以 960px 和 1440px 两个栅格宽度值为例进行的参数设置，单击"提交"按钮后即可生成相应的栅格化布局（可直接导出图片作为网页的背景图使用，如图 2.2-13 所示）。

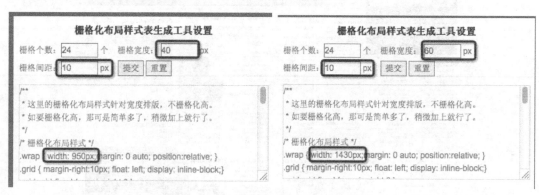

图 2.2-12　栅格化布局样式表生成工具设置（1）

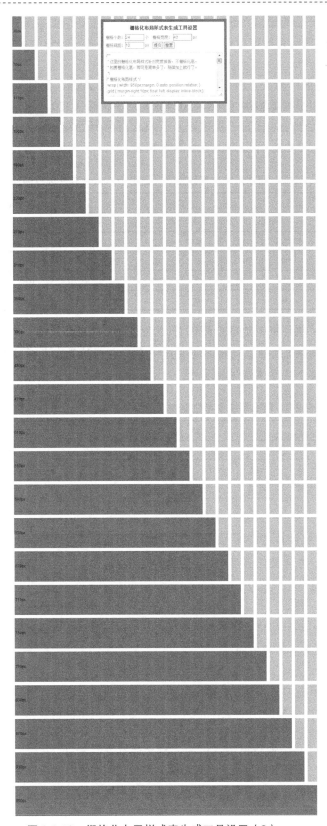

图 2.2-13 栅格化布局样式表生成工具设置（2）

在设计自己产品的栅格系统时可先分析等分的复杂度，如果版式仅仅是 4 等分、3 等分的话，12 列的栅格系统就可以满足需求。如果有较多不等分的可能，建议采用 24 列的栅格系统。

PC 端屏幕界面比较大，所以间隔可以取值 10px、20px，而且浏览器至少有 17 像素左右的边框宽度；但平板电脑端（768×1024px）及手机端（320×480px）屏幕界面较小，一般采用的间隔会比较小，而且平板电脑及手机端屏幕界面左右不留空。根据这些设备的不同特点，可参考表 2.2-2、表 2.2-3 所示的数据表。

表 2.2-2　栅格系统参考数据表（适用于 Axure 软件创建辅助线）　　　单位：px

	PC 端						平板电脑端		手机端	
宽度（W）	1440		1200		960		768		320	
列数（n）	24	12	24	12	24	12	12	12	4	5
列宽（$A-2i$）	40	100	30	80	20	60	54	56	70	60
间距宽度（$2i$）	20	20	20	20	20	20	10	8	10	4
边距（i）	10	10	10	10	10	10	5	4	5	2

备注：Axure 软件中创建辅助线时将间距宽度和边距分开设置，如果巧妙地把间距宽度设置成边距的两倍（软件自动将间距宽度平分后分别放置在每列的左右两侧），这样做可以让网页无论在哪个宽度下都保持居中。

表 2.2-3　栅格系统参考数据表（适用于 Photoshop 软件创建辅助线）　　　单位：px

	PC 端						平板电脑端	手机端	
宽度（W）	1440		1200		960		768	320	
列数（n）	24	12	24	12	24	12	12	4	5
列宽（A）	60	120	50	100	40	80	64	75	60
间距宽度（i）	10	10	10	10	10	10	4	5	4

备注：为了方便计算，PC 端间距宽度一般设为 10px。而且在 Photoshop 软件中按"Shift+上、下、左、右"方向键，移动的距离刚好为 10px。

 提示

Photoshop 软件中创建参考线时可根据间距宽度和左右外边距的关系，通过设置左右外边距将界面放至屏幕的中间。

在移动端（手机端），随着 flipbord 应用程序的出现，借鉴杂志排版效果的信息呈现方式逐渐成为 PAD 上内容应用的主流形式。其中 3×4 网格的应用最为广泛，这种划分不多不少，且更满足视觉留白和视觉空隙的舒适感，如图 2.2-14 所示。

3×4 网格形成的矩形可以划分出 892 种不同的单元形式。

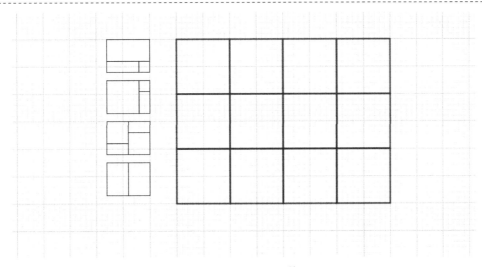

图 2.2-14　3×4 网格

课堂练习 2　为网站首页三种设备的自适应视图创建栅格系统的辅助线

　　启用自适应视图后，可在 Axure 软件的线框图编辑区右击鼠标，弹出如图 2.2-15 所示的快捷菜单，单击"栅格和辅助线"→"创建辅助线"，会弹出如图 2.2-16 所示的"创建辅助线"对话框，在对话框中"列"项目下输入手机端栅格辅助线的数值。单击"确定"按钮，完成如图 2.2-17 所示的手机端页面栅格辅助线的创建。根据相同的方法创建平板电脑端及 PC 端页面栅格辅助线，如图 2.2-18、图 2.2-19 所示。

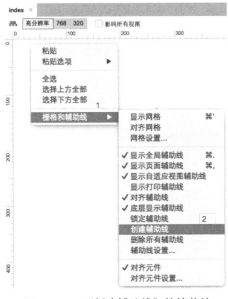

图 2.2-15　"创建辅助线"快捷菜单

图 2.2-16　"创建辅助线"对话框

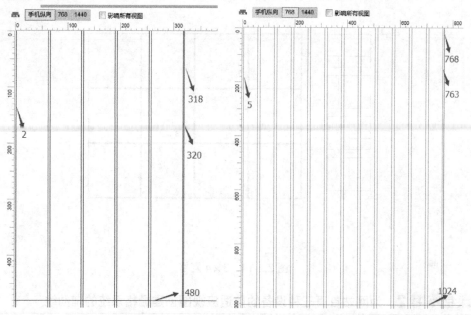

图 2.2-17　手机端页面栅格辅助线效果　　图 2.2-18　平板电脑端页面栅格辅助线效果

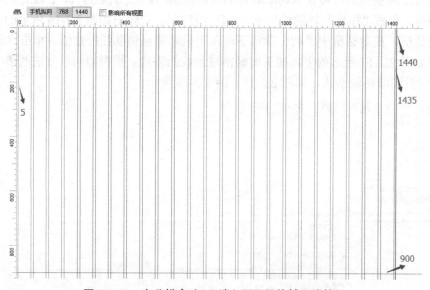

图 2.2-19　高分辨率（PC 端）页面栅格辅助线效果

2.2.3　元件使用

利用 Axure 软件绘制页面原型时，使用元件是必不可少的，而元件库里的各种元件都有其自己的特性，初次接触该软件的人需要掌握元件的一些基本操作。现在来认识一下本项目里需要用到的几个元件的属性。

1．文本框的属性

（1）文本框的类型。

在文本框的属性下，"类型"选项可对输入的文本进行格式设置。如图 2.2-20 所示，可对文本框的类型进行 11 种设置，不同的文本框类型预览结果也不一样，如图 2.2-21 所示是图 2.2-20 中设置的三种文本框类型的预览结果。

图 2.2-20 文本框的类型

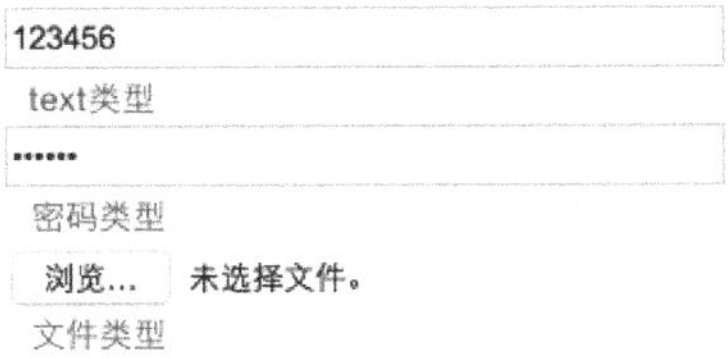

图 2.2-21 文本框的类型预览结果

（2）文本框提示文字。

在文本框属性中输入文本框的"提示文字"。提示文字的字体、颜色、对齐方式等可以单击"提示样式"进行设置，如图 2.2-22 所示。

提示文字设置包含"隐藏提示触发"选项，其中"输入"指用户开始输入时提示文字才消失。"获取焦点"指光标进入文本框时提示文字即消失。如图 2.2-23 所示为浏览器预览隐藏提示效果。

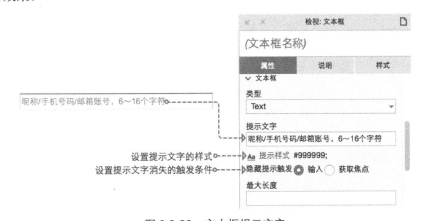

图 2.2-22 文本框提示文字

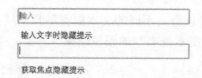

图 2.2-23　浏览器预览隐藏提示效果

（3）文本框最大长度。

在文本框属性中输入文本框的"最大长度"为输入文本框的数字指定最大长度。例如手机号、身份证号等。

（4）文本框回车触发事件。

文本框回车触发事件是指在文本框输入状态下按"Enter（回车）"键，可以触发某个元件的"鼠标单击时"事件。设置时只需在文本框属性的"提交按钮"列表中选择相应的元件即可，如图 2.2-24 所示。

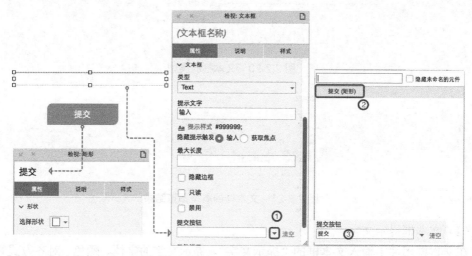

图 2.2-24　文本框回车触发事件设置

（5）鼠标移入元件时的提示。

若要设置在浏览器浏览网页时，当鼠标移入某个元件即会出现文字提示，只需在文本框属性的"元件提示"中输入提示的文字内容即可，如图 2.2-25 所示。

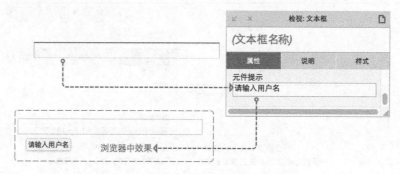

图 2.2-25　元件提示的设置及预览效果

2. 中继器

中继器是 Axure 软件中的一款高级元件，用于显示重复的文本、图像和链接。通常使用中继器来显示商品列表、联系人信息列表、数据表或其他信息。中继器由两部分构成，分别是"中继器数据集"和"中继器的项"。

（1）中继器数据集。

中继器元件由中继器数据集中的数据项填充，这些填充的数据项可以是文本、图像或页面链接。在"元件"面板中拖放一个中继器元件到设计区域（"线框图编辑区"）中，选中中继器元件，在页面右侧"中继器"面板的"属性"标签中可以看到如图 2.2-26 所示的中继器数据集，增加内容后如图 2.2-27 所示。

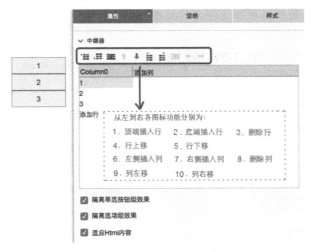

图 2.2-26　中继器数据集

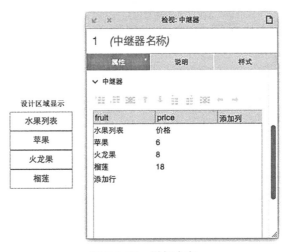

图 2.2-27　增加内容

 思考：为什么数据集中添加了内容，但是数据并没有被全部填充到设计区域中？

（2）中继器的项。

被中继器元件所重复的内容叫作项（项目），双击中继器元件进入中继器的项进行编辑，如图 2.2-28 所示，数据区域中所显示的数据会被重复多次。

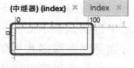

图 2.2-28　中继器的项

（3）填充数据到设计区域。

使用中继器元件的"每项加载时"事件填充数据到设计区域。

① 插入文本的步骤如图 2.2-29、图 2.2-30 所示。

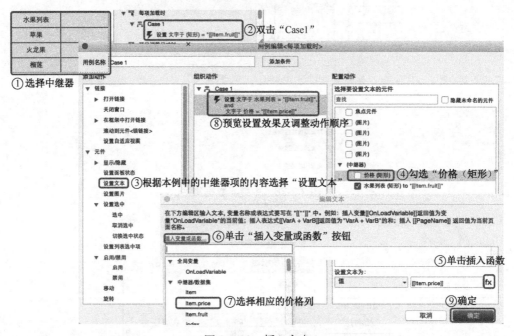

图 2.2-29　插入文本

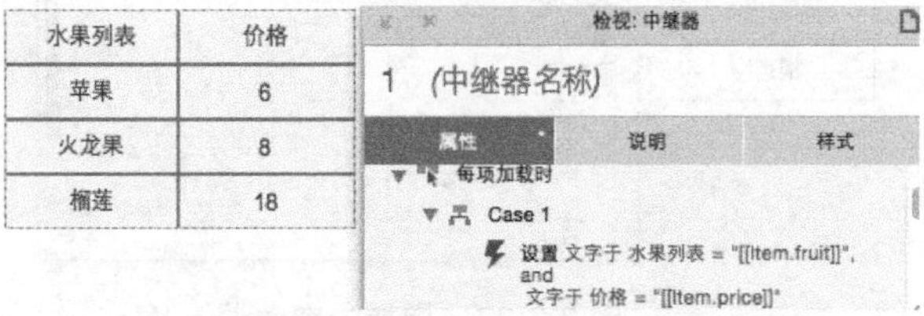

水果列表	价格
苹果	6
火龙果	8
榴莲	18

图 2.2-30　插入文本后的中继器效果

② 导入图像。导入图像步骤如图 2.2-31 所示，首先，在弹出的菜单中单击"导入图片"，选择需要的图片即可。其次，将中继器中的图片数据填充到设计区域中，操作步骤与插入文本的步骤相似，区别在于步骤③为选择"设置图片"（参见图 2.2-29）。

图 2.2-31　导入图像

（4）中继器的样式。

① 布局，该设置可以改变数据的显示方式，布局有垂直与水平两个方向。每个方向都可以设置网格排布的每排项目数，如图 2.2-32 所示。

图 2.2-32　中继器的布局

② 背景颜色，有背景色与交替背景色。交替背景色可以给中继器的项添加交替背景色，如一行粉红色一行蓝色，这样可以增强用户的阅读体验，如图 2.2-33 所示。

图 2.2-33　交替背景色设置

 提示

要实现交替背景色的设置，前提是中继器项中的矩形无填充色。

（5）分页。

设置在同一页面显示指定数量的数据集的项（将数据集分别放置于多个不同页面显示），通过上一页、下一页或输入指定页面进行切换，可用于制作购物网站中的商品分页等效果，在如图 2.2-34 所示的分页项中进行设置，每个项的意义如下。

① 多页显示：将中继器中的项放在多个页面中切换显示。

② 每页项目数：设置中继器的项在每个页面中显示的项目数量。

③ 起始页：设置默认显示页面，如默认显示第一页或其他某个指定页面。

④ 间距：设置行/列数据之间的间距，如图 2.2-35 所示。

分页		☑ 多页显示	
		每页项目数	10
		起始页	1

图 2.2-34　分页

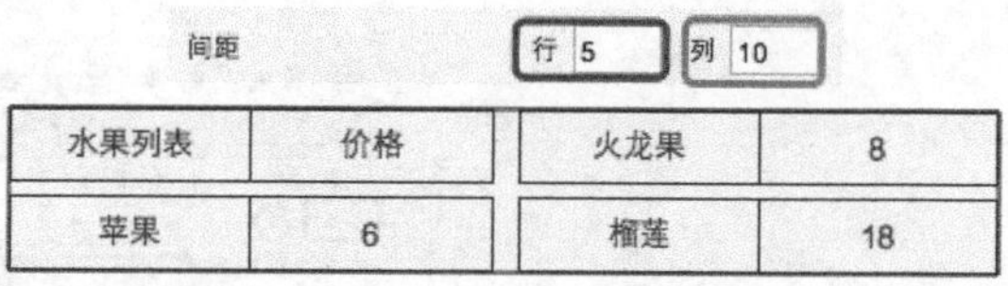

间距		行 5	列 10

水果列表	价格	火龙果	8
苹果	6	榴莲	18

图 2.2-35　间距的设置

课堂练习 3 根据与客户沟通的最终草图方案，利用 Axure 软件绘制相应的线框简图

　　线框图是产品的基本蓝图，用来描述网站在每个屏幕上的核心功能，这些线框图会随着我们的改进越来越详细。在线框图的第一个版本中常用黑白的轮廓和形状来表示导航、文本、按钮和图像等元素的位置。这些线框图应勾勒出对产品的整体想法，表达出最初的产品设计理念。如图 2.2-36 所示是 Sweet Cake 网站首页的线框图初稿，这是一张非常简单的线框图，用于帮助用户找到他们想要的产品并了解更多信息。

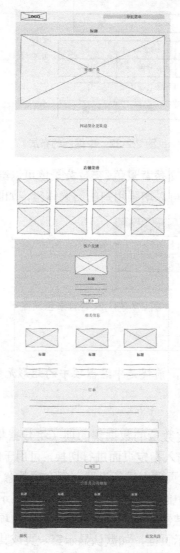

图 2.2-36　Sweet Cake 网站首页的线框图初稿

在 Axure 软件中，会经常用到对齐和分布，如图 2.2-37 所示，对齐和分布都分水平和垂直方向，水平对齐有：左对齐、左右居中、右对齐；垂直对齐有：底部对齐、上下居中、顶部对齐。这里要注意的是不管是对齐还是分布都是指两个以上的元素，对齐是以最先选择的对象为源，后选择的其他对象向其对齐。而分布侧是以最先选择和最后选择的对象作为分布的范围平均分布的。如图 2.2-38 所示，这八个占位符要进行对齐，先选中 1，然后按住 Ctrl 键分别点选 2、3、4，再选择工具栏中的顶部对齐，对齐后如图 2.2-39 所示。然后再选择水平分布，效果如图 2.2-40 所示。

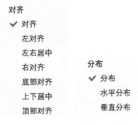

图 2.2-37　对齐及分布

如果是对已有网站进行重新设计，这会比较容易，产品的第一个版本不应该在一开始就考虑太多细节，这样会扰乱设计步伐，当对线框图逐渐增加细节进行迭代时，线框图的保真度会随之增加。

现要求对 Sweet Cake 网站首页线框图初稿进行精练，然后根据手绘的草图（图 1.1-27）及与客户沟通网站中需要的一些内容：营业时间、banner 广告、欢迎词、菜谱、客户反馈、相关信息、订单等，绘制出 Sweet Cake 网站首页的三端原型线框简图。最终绘制出的 Sweet Cake 网站首页手机端线框简图效果如图 2.2-41 所示。

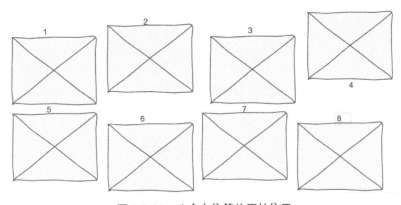

图 2.2-38　八个占位符的原始位置

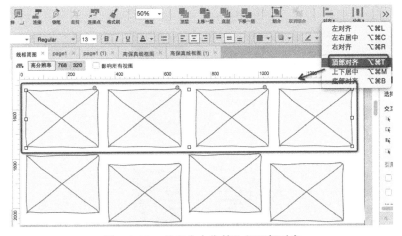

图 2.2-39　前四个占位符执行顶部对齐

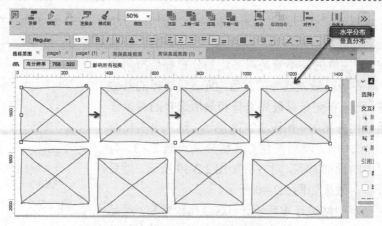

图 2.2-40　前四个占位符执行水平分布

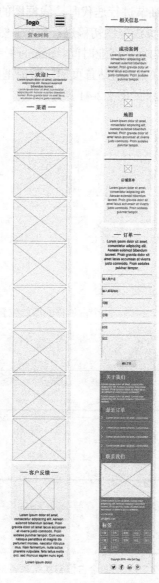

图 2.2-41　Sweet Cake 网站首页手机端线框简图

步骤 1 从 Axure 软件左侧的"元件"面板中选择"矩形"元件,拖放至"线框图编辑区",在"工具栏"中设置该矩形元件的位置及大小,如图 2.2-42 所示。

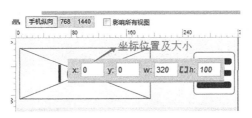

图 2.2-42 手机顶部 logo 及菜单栏所在背景

步骤 2 将"一级标题"元件拖放至"线框图编辑区"后双击该元件,可对元件文字进行编辑,如图 2.2-43 所示。输入文字后,在如图 2.2-44 所示的工具栏中设置元件文字大小、颜色、元件大小、垂直及水平对齐方式后,效果如图 2.2-45 所示。如图 2.2-46 所示,鼠标置于元件左上角的黄色倒三角形处可调节元件的圆角大小,在右上角的小圆处单击鼠标左键可弹出快捷菜单更改元件形状。使用相同的操作方法,最终 PC 端顶部 logo 及菜单栏线框简图效果如图 2.2-47 所示。

一级标题

图 2.2-43 编辑"一级标题"元件

图 2.2-44 "一级标题"元件的设置

图 2.2-45 "一级标题"元件效果

图 2.2-46 元件的其他快捷设置

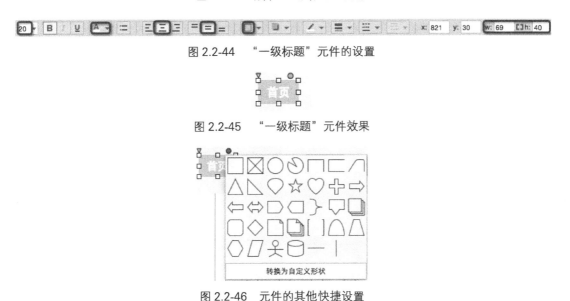

图 2.2-47 PC 端顶部 logo 及菜单栏线框简图效果

步骤 4 其他区域使用相同的方法选取相应的元件进行拖放与设置,并将文字内容进行初步细化，例如文字的大小及颜色，使用占位符代替的图片的大小及形状等，精练后的 Sweet Cake 网站首页手机端线框简图如图 2.2-41 所示（因版面的限制，将该线框图裁成上下两部分）。

　　步骤 5　使用相同的方法，绘制出该网站首页精练后的平板电脑端及 PC 端的线框简图如图 2.2-48 及图 2.2-49 所示。

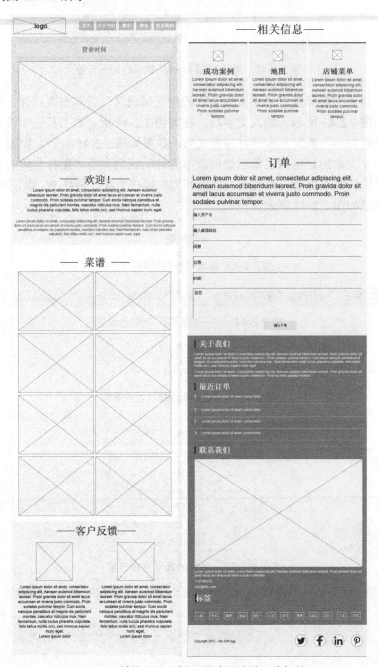

图 2.2-48　精练后的平板电脑端网站首页线框简图

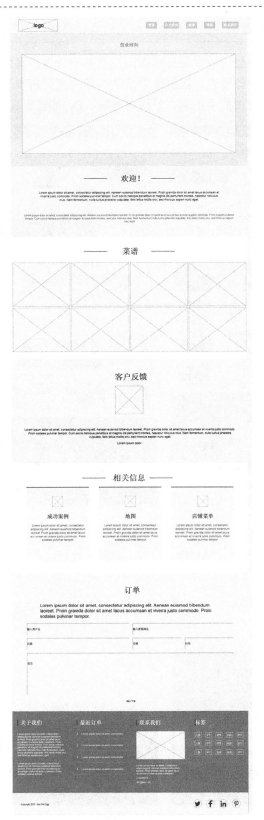

图 2.2-49　精练后的 PC 端网站首页线框简图

课堂练习4 根据线框简图，绘制出网站的低保真线框图

前面的线框简图是为最后的低保真线框图及交互设计做准备的，现在客户提供了网站素材、公司信息及一些设计要求，根据每个模块的相关素材初步选取网站的颜色，制作出如图 2.2-50 所示的网站首页的手机端、平板电脑端、PC 端低保真线框图。

图 2.2-50 网站首页的手机端、平板电脑端、PC 端低保真线框图

1. 制作 banner 广告区

步骤 1 在制作低保真线框图时将"占位符"元件的形状变为"矩形",选中"矩形",在"元件属性和样式"面板中单击"填充"选项,弹出如图 2.2-51 所示的"填充颜色设置"对话框,在填充类型中选择"渐变",色条会变成两个控点,根据需要适当地增减控点,并调节色条的角度,单击对话框外任意一处,完成设置,如图 2.2-52 所示。

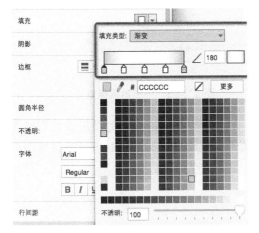

图 2.2-51　"填充颜色设置"对话框　　　　图 2.2-52　矩形的渐变设置效果

步骤 2 将"图片"元件置于"矩形"上方,双击"图片"元件,在弹出的对话框中选择相应的素材文件并设置其大小后,先选择"矩形",按住"Ctrl"键,再选择"图片",选择对齐方式为左右居中及上下居中,最终效果如图 2.2-53 所示。

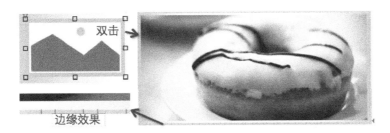

图 2.2-53　"图片"元件的编辑

 思考: 菜谱下面是商品列表,使用可代表重复项的什么元件比较合适?

2. 制作菜谱的商品展示区

步骤 1 将"中继器"元件置于菜谱中的"占位符"上方,根据占位符的大小设置中继器的矩形大小,拖放"图片"元件到中继器中,"图片"元件比"矩形"元件稍小,使其呈现出边框的模样。如图 2.2-54 所示为中继器的商品展示模板。将该中继器命名为"菜谱"。

步骤 2 选择"菜谱"中继器,在右侧的"属性和样式"面板中设置中继器的数据集,列名为"Img",并导入该列的数据图片,如图 2.2-55 所示。

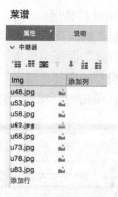

图 2.2-54　商品展示模板　　　　　　　　图 2.2-55　中继器数据集

步骤 3　在"属性和样式"面板的"属性"下对"交互"进行"每项加载时"设置，先取消"文字于（矩形）"的交互设置，再进行图片交互设置，如图 2.2-56 所示。单击"确定"按钮后，在线框图编辑区可以看到其效果如图 2.2-57 所示。

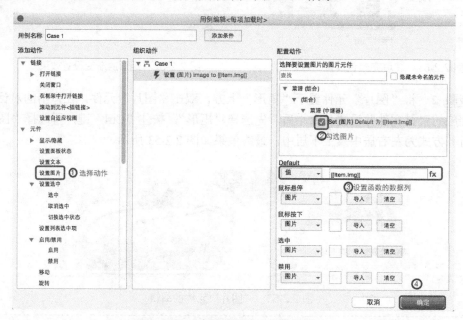

图 2.2-56　中继器加载图片数据设置

图 2.2-57　导入图片数据后的线框图编辑区效果

步骤 4 选择"菜谱"中继器，在"属性和样式"面板的"样式"下进行"布局"与"间距"设置，如图 2.2-58 所示。

图 2.2-58 中继器的页面布局设置

📢 提示

设置本网页中菜谱下商品展示的三端效果，只需对"菜谱"中继器"样式"选项卡下的"布局"进行修改，然后将"图片"元件对齐排版即可，如图 2.2-59 所示。

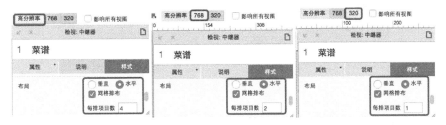

图 2.2-59 "菜谱"中继器的布局样式设置

3. 制作自定义形状

有时，网站需要一些个性素材，这就需要自己进行制作。这里介绍一个简单的自定义形状的制作方法。现制作如图 2.2-60 所示的自定义形状（这个圆环有四分之一显示其他颜色是为了后面的交互效果展示明显做准备的）。

图 2.2-60 渐变填充的圆环效果

步骤 1 拖入一个"矩形"元件到编辑区，将形状转换为带缺口的圆形。如图 2.2-61

所示。

步骤 2 将缺口圆进行调整，调整效果如图 2.2-62 所示。

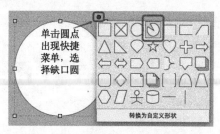 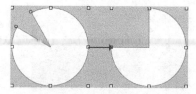

图 2.2-61 矩形转换为缺口圆　　　　　　图 2.2-62 调整缺口圆

步骤 3 拖入一个"椭圆"元件（比缺口圆小）到编辑区，并使其与缺口圆以圆心对齐，然后进行如图 2.2-63 所示的设置，使其变成四分之三的圆环。

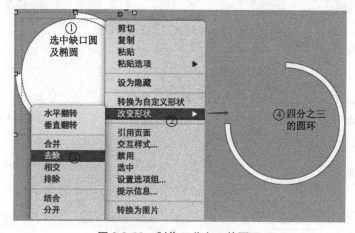

图 2.2-63 制作四分之三的圆环

步骤 4 拖入两个"椭圆"元件（直径与圆环的大小一致）到编辑区，并使它们分别与圆环的两端对齐，然后进行如图 2.2-64 所示的设置，使圆环两端的平头变成圆头。

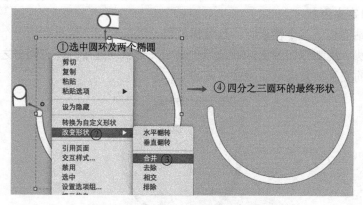

图 2.2-64 四分之三圆环圆头效果

> ☑️ **思考**：请你尝试后回答以下两个问题。两个形状在改变时有四个选项：合并、去除、相交、排除，效果分别是什么？这些效果最终的形状及颜色是以哪个形状（含颜色）为目标的？

步骤 5 重复步骤 1～4，制作四分之一的圆环，并将其旋转后与四分之三的圆环进行对齐组合。最终效果如图 2.2-65 所示。

步骤 6 分别更改两部分圆环的填充及线条颜色，制作一个与圆环大小一样的圆，不要填充颜色，并设置其线条为白色即可完成特殊圆环的制作。最后导入图片素材，最终效果如图 2.2-66 所示。

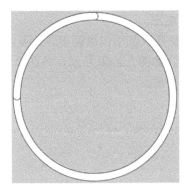

图 2.2-65　两个不完整圆环的对齐

图 2.2-66　客户反馈区的图片效果图

4. 制作文本框

制作如图 2.2-67 所示的文本框，本任务是为下一项目的文本框交互做准备的。

步骤 1 先拖入一个"矩形"元件到编辑区，设置其边框线颜色为灰色，接着拖入一个"文本框"元件并与矩形进行中部对齐（文本框的宽和高都必须比矩形小 2 像素）。

步骤 2 （以邮箱为例）文本框的设置和最终效果如图 2.2-68 所示。

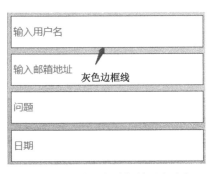

图 2.2-67　带灰色边框线的文本框

图 2.2-68　文本框的设置和最终效果

5. 制作网站首页三端的最终效果

根据上面几个课堂练习基本可以完成 Sweet Cake 网站首页的手机端效果，现要求根据线框简图的三端效果完成如图 2.2-50 所示的 Sweet Cake 网站首页的三端低保真线框图。

◎ **任务实施**

根据前面设计的"X 公司"的三端设备网站手绘草图，将线框图从简到精练绘制出来，并利用原有的素材绘制手机端、平板电脑端、PC 端三端的低保真线框图。可参考下面的一些分析来构思自己的设计。

（1）在"X 公司网站原型.rp"文件中创建网站首页的三种设备的自适应视图。

（2）为首页三种设备的自适应视图创建栅格系统的辅助线。

（3）根据项目一中小组成员最终讨论的草图方案，在该文件中绘制出 X 公司网站首页的线框简图。

（4）根据线框简图，绘制出网站首页的低保真线框图。

【提示】本任务草图中有视频，而 Axure 软件的线框图只能用内联框架导入视频，在"元件属性和样式"面板中设置预览图片为"视频"选项，如图 2.2-69 所示，并在"选择框架目标"选项中选择视频所在的网址或者相对地址即可播放。

图 2.2-69　内联框架视频的导入设置

如图 2.2-70 所示为重新设计的 X 公司网站首页精练后的手机端、平板电脑端、PC 端的线框图。图 2.2-71 所示为 X 公司重新设计后的三端低保真线框图（该图为编者的设计图，仅供参考）。

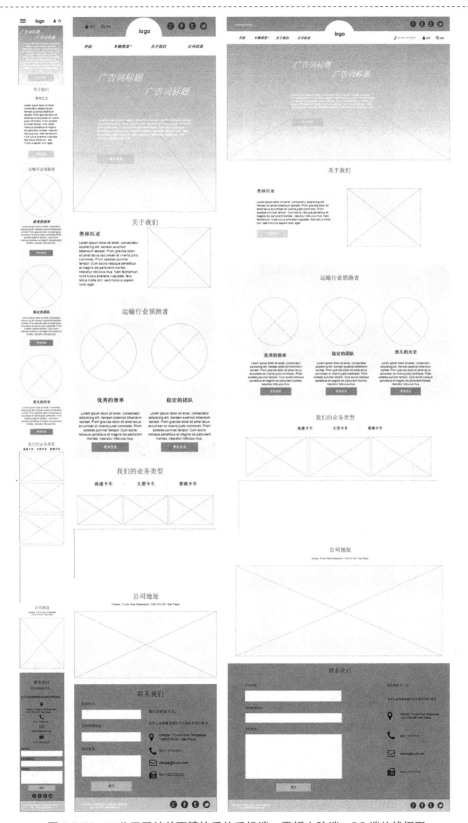

图 2.2-70　X 公司网站首页精练后的手机端、平板电脑端、PC 端的线框图

图 2.2-71　X公司网站首页手机端、平板电脑端、PC 端的低保真线框图

任务回顾

能够根据不同的设备制作相应的栅格系统辅助线，要认识到不同设备在布局结构的特点，注意设备间的区别与联系，能够根据 Axure 软件各元件及面板的特点，快速完成线框图的绘制，要能更加熟练地掌握该软件的操作。

任务拓展

1．UI 设计应考虑布局的合理化

研究表明，用户习惯自上而下，从左向右的浏览、操作网页，为了保持界面的简洁，可将不常用或未完成的功能进行隐藏，使用户专注于主要业务操作流程，有利于提高软件的易用性及可用性，还可统一相似功能，避免支离破碎的界面。主要目的要反复强调，不要只提一次，突出显示推荐方案，可让界面布局设计更加优化。

在这里根据不同的网页元素给出一些建议。

（1）菜单——保持菜单简洁性及分类的准确性，避免菜单深度超过 3 层。

（2）按钮——确认按钮放置在左边，取消或关闭按钮放置于右边。

（3）功能——未完成功能必须隐藏，不要置于页面内容中，以免引起误会。

（4）排版——所有文字内容排版避免贴边，所有元素尽量保持 10～20 像素的间距。

（5）表格数据列表——相同数据类型必须用相同的对齐方式。

（6）滚动条——页面布局设计时应避免出现横向滚动条。

（7）页面导航——在页面显眼位置应让用户知道当前所在页面的位置，并明确导航结构。

（8）信息提示窗口——信息提示窗口应位于当前页面的居中位置，并适当弱化背景层以减少信息干扰，让用户把注意力集中在当前的信息提示窗口。

2．扁平化设计

扁平化设计概念最核心的地方就是放弃一切装饰效果，如透视、纹理、渐变等能做出 3D 效果的元素一概不用。所有元素的边界都干净利落，没有任何羽化、渐变。

扁平化的设计，在移动系统上不仅界面美观、简洁，而且还能达到降低功耗、延长待机时间和提高运算速度的效果。尤其在手机上，更少的按钮和选项能使 UI 界面变得更加干净整齐，使用起来格外便捷，从而带给用户更加良好的操作体验。

简洁美观的扁平化设计，有以下规则。

（1）大量留白。

内容及信息留白，可让用户在视觉上更加舒服。

（2）色块、边框、图形。

分割视觉信息，刺激读者的大脑和感官。不同的分类采用不同的色块，边框线条很好的起到分割作用。合理的图形组成的版式布局清爽简洁，一目了然。

（3）网格与线条。

利用线条、网格分割方式，使界面区分明确、重点突出、层次清晰。

（4）建立信息层次结构。

对于内容类型一致的设计元素，使用类似的层次结构，分类清晰明确。

（5）建立视觉层次感。

对重要的内容或要素进行视觉暗示。改变文字色彩，以及图像大小、位置及饱和度等。

3．为商品展示区设置多页显示效果

网页的商品展示区会由于各种原因对商品进行上架或下架处理，这需要商品展示区能够灵活地展示商品，因栅格化页面的限制需要对三端界面进行不同商品数量的商品展示区设置。

如图2.2-72所示为平板电脑端的商品展示区效果，手机端——每页展示4个商品，平板电脑端——每页展示4个商品，PC端——每页展示8个商品。

平板电脑端：每页展示4个商品

图2.2-72　平板电脑端的商品展示区效果

设置方法如下。

步骤1　单击"手机纵向"页面，选择"菜谱"中继器，在"属性和样式"面板的"分页"选项中勾选"多页显示"，设置"每页项目数"为4，如图2.2-73所示，完成手机端商品展示区的设置。

图2.2-73　"多页显示"设置

步骤2　分别单击"768""1440"页面，重复步骤1，完成平板电脑端、PC端商品展示区的设置。

4．根据某服装品牌公司的要求（见下）及之前设计的草图的最终方案，绘制出该公司的三种设备端的线框图及低保真线框图

分析某服装品牌公司提供的网站素材，在重新设计中用上所有核心元素。公司要求根据提供的旧网站部分内容来进行网站的重新设计创作，保持公司的原始形象和色调，不做大的变动，但除logo之外的网页元素应经过重新设计，而不是未经任何优化直接复制使用。

公司要求的核心元素如下。

（1）顶部：logo，顶部菜单（Sign-in/Register，Customer Service，Track Order，My Account），文本等。

（2）搜索：输入的文本框及搜索按钮。

（3）主菜单：链接（men，women，kids，home，watches，sale，blog，ocean2ocean）

（4）商品：图片、价格、文本、制作购买按钮，对新上架产品备注高亮"NEW"图标。

（5）购物袋：我的购物袋、价格、数量。

（6）产品分类菜单：侧边栏。

（7）社交媒体：5个社交按钮。

（8）底部：公司信息、版权、底部导航、站点地图等。

任务3 使用 Axure 软件进行交互设计

🔶 学习目标

能够使用 Axure 软件对原型设计图进行交互设计。

🎧 任务描述

在上一个任务中，我们已经根据客户的要求对 PC 端、平板电脑端、手机端的草图进行了修改并绘制出网页（三端）界面原型设计图。在本任务中我们要根据案例在不同设备上的网页界面交互设计要求，进行网页（三端）界面原型交互设计。

💻 知识学习与课堂练习

2.3.1 交互样式设置

网页中最常见的交互就是链接，无论是文字、图片、按钮等都可以通过鼠标单击触发打开链接跳转到某一指定页面。

在浏览网站时会遇到很多的文字、图片、按钮等元素，对于感兴趣的信息我们会用鼠标指向或者选择这些元素，会见到如图 2.3-1 所示的效果。A：选中时；B：鼠标悬停时；C：未触发交互样式时。

图 2.3-1 元素的鼠标交互效果图

这里必须要注意的是，任何交互都必须先设置元件的交互样式，否则所有交互都是一样的，在 Axure 软件中交互样式设置有 4 种，如图 2.3-2 所示：鼠标悬停、鼠标按下、选中、禁用。这 4 种交互样式设置包含的内容都是一样的，但需要特别注意的是，对于字体、线段、填充颜色的设置，是最容易出错或者混淆的，在这里进行如下的解释，希望能帮助初学者对交互样式设置有更加清晰的认识。

- 文本颜色：设置各种形状中的文字、文本标签、图标文字的颜色。
- 线段颜色：设置各种形状的边框线、水平线、垂直线的颜色。
- 填充颜色：设置各种形状、图标的颜色。

图 2.3-2　交互样式设置

在购物网站经常需要选择选购商品的尺寸等，选择时只能选择一种尺寸，不能选多种，如图 2.3-3 所示选择了两种尺寸，这是不符合逻辑的，所以选择时应该在点选任意一个选项时，原来已选择了的会自动取消，如图 2.3-4 所示，在 Axure 软件中我们可以将同一属性的元件用同一个名字命名，组成选项组即可解决这个问题。

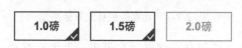

图 2.3-3　不符合逻辑的选项

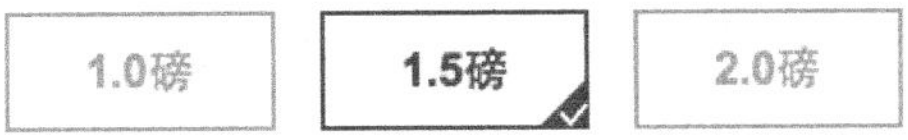

1.0磅	**1.5磅** ✓	2.0磅

图 2.3-4　指定选项组后的交互效果

2.3.2　动态面板

　　在 Axure 软件制作原型交互的过程中，动态面板是使用频率最高的元件，许多高级交互都必须结合动态面板才能实现。动态面板最重要的属性就是它是一个透明的容器，可以有很多状态，且 Axure 软件赋予动态面板的事件比其他元件的要多。动态面板既然是一个容器，它就肯定可以包含很多其他元件，而且动态面板每个状态都相当于一个页面，可对它进行任意的编辑。动态面板的大小，会直接影响到各个状态的显示范围。如图 2.3-5 所示，在页面中放置一个大小为 300×200 像素的动态面板，双击动态面板会弹出"面板状态管理"对话框，如图 2.3-6 所示，面板状态默认为 1 个，可单击绿色"+"按钮增加状态，也可选中某一状态后单击蓝色的复制按钮进行状态复制。双击选中的状态即可进入状态页面进行编辑，如图 2.3-7 所示，四个箭头所指的虚线框即为动态面板的大小，也是动态面板的可视范围，超出虚线框的所有元件均不能显示在页面中。如图 2.3-8 所示。

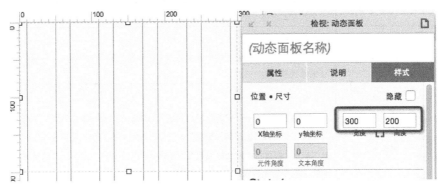

图 2.3-5　动态面板的效果

图 2.3-6　"面板状态管理"对话框

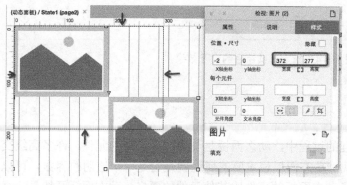

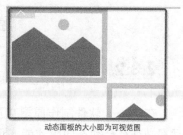

动态面板的大小即为可视范围

图 2.3-7　动态面板的编辑区　　　　图 2.3-8　动态面板可视区预览效果

动态面板有其特有的属性、事件和动作。正是这些特殊的功能，让动态面板有各种各样的交互效果。掌握了动态面板就掌握了一半的 Axure 交互。因此，初学 Axure 软件的人疑问最多的就是动态面板元件。表 2.3-1 所示是动态面板的常用属性。

表 2.3-1　动态面板的常用属性

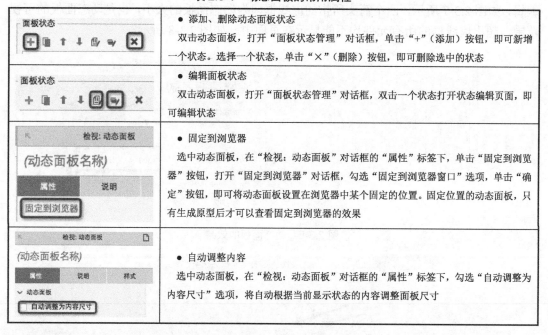

面板状态	● 添加、删除动态面板状态 双击动态面板，打开"面板状态管理"对话框，单击"+"（添加）按钮，即可新增一个状态。选择一个状态，单击"×"（删除）按钮，即可删除选中的状态
面板状态	● 编辑面板状态 双击动态面板，打开"面板状态管理"对话框，双击一个状态打开状态编辑页面，即可编辑状态
检视：动态面板 （动态面板名称） 属性　说明 固定到浏览器	● 固定到浏览器 选中动态面板，在"检视：动态面板"对话框的"属性"标签下，单击"固定到浏览器"按钮，打开"固定到浏览器"对话框，勾选"固定到浏览器窗口"选项，单击"确定"按钮，即可将动态面板设置在浏览器中某个固定的位置。固定位置的动态面板，只有生成原型后才可以查看固定到浏览器的效果
检视：动态面板 （动态面板名称） 属性　说明　样式 ∨ 动态面板 自动调整为内容尺寸	● 自动调整内容 选中动态面板，在"检视：动态面板"对话框的"属性"标签下，勾选"自动调整为内容尺寸"选项，将自动根据当前显示状态的内容调整面板尺寸

2.3.3　组合/取消组合元件

在原型设计中，经常要将多个元件组合在一起进行交互设计。快捷功能图标或右键菜单可以将多个元件组合到一起，达到共同移动/选取/添加交互等操作。组合/取消组合的快捷键为<Ctrl+G>键/<Ctrl+Shift+G>键。如图 2.3-9 所示，组合有如下要素。

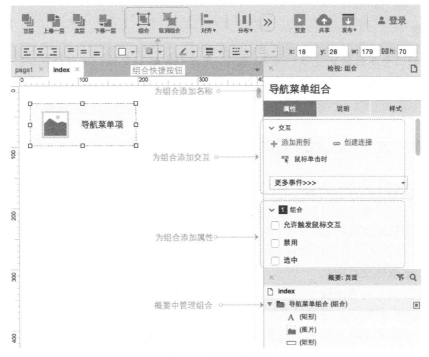

图 2.3-9 组合的要素

组合有三个属性（动态面板也包含这三个属性），这三个属性在交互设置时比较重要，但初学者很容易忽略而导致交互设置出现问题，现分析一下这三个属性。

● 允许触发鼠标交互：鼠标移入/按下组合的区域时，各元件设置好的交互样式被同时触发，具体解释如图 2.3-10 所示。

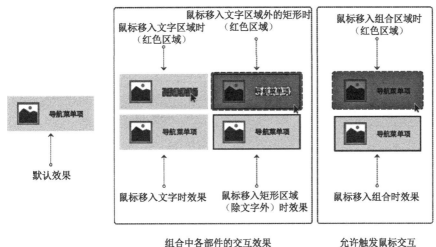

图 2.3-10 组合元件触发鼠标的反应区

● 禁用：默认触发组合中所有元件的所有禁用交互样式。
● 选中：默认触发组合中所有元件的所有选中交互样式。

注意

组合的三个属性的优先性：禁用>选中>允许触发鼠标交互。一般情况下，组合的三个属性不会同时使用，只选择其中一个。

2.3.4 元件交互的使用——显示/隐藏

我们在生活中经常会计划一些事情来应对不同的情况。例如，下雨的时候，如果雨很大就穿雨衣，如果雨小就只打一把雨伞，以避免淋雨。

做原型中的交互就像我们计划事情一样，由触发事件（下雨时）、判断条件（雨大或者雨小）、情形（雨大时的动作和雨小时的动作）组成。其中，不同的情形包含不同的动作。

在 Axure 软件交互中：

触发事件就是动态面板中的"鼠标单击时"、"鼠标移入时"等事件；

情形及判断条件就是在触发事件中添加的用例（Case）。（见图 2.3-11）

任何一个页面或者元件的"元件属性和样式"面板都有交互用例，在这里先介绍一个比较常用的动作：显示/隐藏。

用例编辑器分了三个区域，分别是添加动作、组织动作和配置动作，组织动作还可"添加条件"。如图 2.3-11 所示，先在"添加动作"中选中"显示/隐藏"，然后在"配置动作"中选择对象，不同的动作，图中红色框里的选项都不一样，"显示/隐藏"动作出现的是可见性，可见性有三个选项：显示、隐藏、切换（切换是指原来隐藏的对象在用例操作时变成显示；原来显示的对象在用例操作时变成隐藏）。动画有 10 种，1000 毫秒代表 1 秒。显示/隐藏还有一个"更多选项"，分别是灯箱效果、弹出效果、推动元件，这也是常用的一些效果。后面会根据具体的用例来区分这三个选项效果。

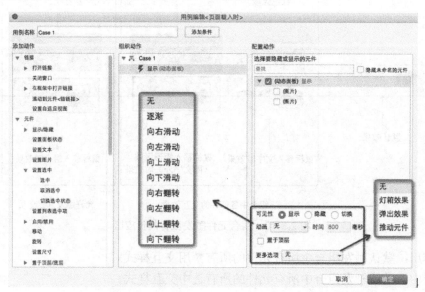

图 2.3-11 用例编辑器

如果想让一组元件统一显示/隐藏，可将这组元件进行组合或转换为动态面板，然后对组合或者动态面板进行可见性的动作设置。

显示/隐藏有以下设置。

（1）可见性：显示、隐藏、切换。

● 显示：无、灯箱效果、弹出效果、推动元件。

● 隐藏：拉动元件。

● 切换：推动/拉动元件。

（2）更多选项（如图2.3-12所示，以添加"显示——弹出效果"动作为例）。

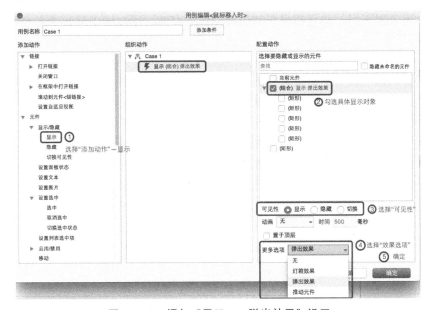

图2.3-12 添加"显示——弹出效果"设置

如图2.3-13所示为弹出效果案例，鼠标移入按钮时显示隐藏的组合，鼠标移出反应区后再次被隐藏，注意识别组合中触发鼠标交互"显示/隐藏"区域为右图中的虚线区域。

组合默认隐藏

组合被触发显示

图2.3-13 弹出效果案例

2.3.5 变量

变量除了用于存储数据外，经常用于将数据从一个事件传递到另一个事件，并影响另一个事件的值。当使用条件逻辑时，变量就尤为重要，因为它可以检查变量的值，以确定执行哪个路径的动作。变量分为局部变量和全局变量。

1. 局部变量

局部变量仅在使用该局部变量的动作中有效，在这个动作之外则无效，因此局部变量不能与原型中其他动作里的函数一起使用。不同的动作可以使用相同的局部变量名称，因为它们的作用范围不同，并且都只在其当前动作中有效，所以即使局部变量名称重复也不会相互干扰。

2. 全局变量

全局变量在整个原型中都是有效的，因此全局变量的名称不能重复。当要将某些数据从一个页面传递到另一个页面时，就要使用全局变量。

3. 局部变量的设置

局部变量在编辑值/文本的界面中进行创建，在"插入变量或函数"列表中选取使用，局部变量可在创建时选择数据类型，如图 2.3-14 所示。

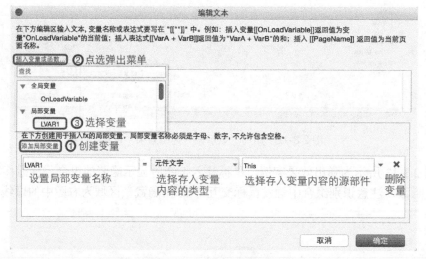

图 2.3-14　局部变量的设置

2.3.6 内联框架

在 Axure 软件中嵌入外部或本地视频、地图和 HTML 文件时只能使用内联框架（嵌入方法如图 2.3-15 所示"选择框架目标"）。内联框架还可预览自定义图像、视频、地图等。内联框架的样式被限定为切换显示边框和滚动条，不能更改其他样式，若想添加其他样式，只能在底层添加一个矩形元件，再调整矩形元件的样式。

图 2.3-15　内联框架的属性内容

课堂练习1 为上一任务制作的低保真效果图设置菜单的交互,使鼠标经过时菜单文字颜色变为红色

步骤 选中网页菜单中的"首页"元件框,在"元件属性和样式"面板中,单击"交互样式设置"中的"鼠标悬停"选项,弹出"交互样式设置"对话框,如图 2.3-16 所示,在该对话框中可对"鼠标悬停""鼠标按下""选中""禁用"等 4 种属性进行交互样式设置,根据要求在相应的样式上打钩,可在"线框图编辑区"预览元件的效果。

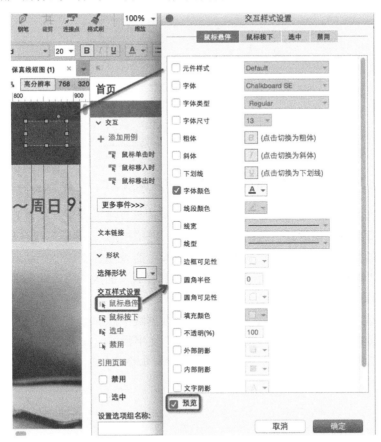

图 2.3-16　元件的"交互样式设置"4 种属性设置

课堂练习 2 为菜谱制作鼠标的交互，使鼠标经过时出现图片中商品的价格

效果如图 2.3-17 所示。

（a） （b）

图 2.3-17 鼠标经过图（a）时的效果

步骤 1 拖放一个"矩形"至菜谱图片的正上方，并设置其大小与菜谱图片背景大小一致。设置"矩形"的填充为蓝绿色单色填充，不透明度为 50%，如图 2.3-18 所示。

图 2.3-18 "矩形"元件的属性设置

步骤 2 在"矩形"上方绘制两条水平线和两条垂直线，设置其颜色为白色，并放置成井字形，在井字形中间放置白色的价格文字等。把"矩形"、井字形线及价格文字选中，右击，在弹出的快捷菜单中选择"转换为动态面板"命令使其变成一个动态面板，并为动态面板命名为"隐藏的价格"，然后在"元件属性和样式"面板中将该动态面板的属性设置为"隐藏"，效果如图 2.3-19 所示。

步骤 3 选中"菜谱"中继器，在中继器的数据集中添加一列"Price"数据，并将这列数据在中继器的"每项加载时"指定给"价格"文字标签，如图 2.3-20 所示。

步骤 4 调整中继器中的图片元件的图层顺序，如图 2.3-21 所示。

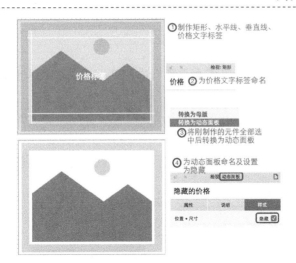

图 2.3-19　鼠标经过图片的矩形框效果制作

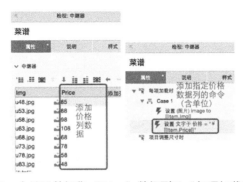

图 2.3-20　中继器数据集 "Price" 数据列及 "每项加载时" 设置

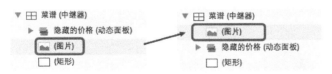

图 2.3-21　调整图片元件的图层顺序

 思考： 为何要调整图层顺序？这一步非常重要。

步骤 5　如图 2.3-22 所示，选中图片，在图片的 "元件属性和样式" 面板的交互用例中双击 "鼠标移入时"，弹出 "用例编辑<鼠标移入时>" 对话框，在 "添加动作" 中选择 "显示/隐藏" 项，为 "蛋糕 1" 组合配置动作为 "显示"，动画为 "逐渐" 并置于顶层，更多选项选择 "弹出效果"。"组织动作" 区可看到配置好的动作，最后单击 "确定" 按钮完成鼠标移入时的效果设置。如图 2.3-23 所示显示该动作是本网页的第几个交互，以及该交互用例的设置内容。

步骤 6　单击工具栏上的 "预览" 按钮（注意不要在 IE 浏览器中预览，IE 浏览器对很多样式都不兼容），鼠标移入菜谱图（a）时的效果如图 2.3-17 所示，图 2.3-17（b）所示是默认状态。

网页 UI 设计

> **注意**
>
> 　网页三端效果相同的交互只需要设置一次即可，不过这只限于这些交互对位置没有特殊要求的情况。
>
> 　这一步非常重要。

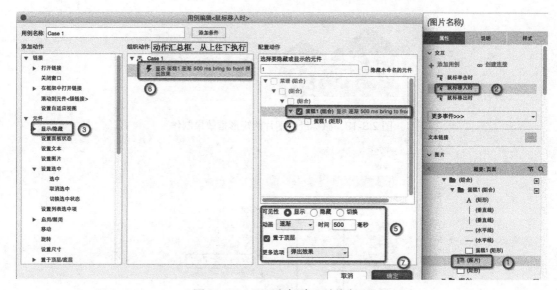

图 2.3-22　配置鼠标移入时的交互

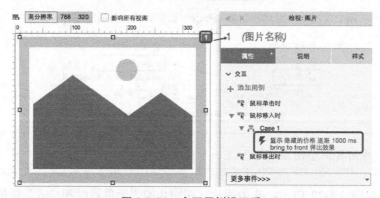

图 2.3-23　交互用例设置后

课堂练习 3　为 banner 广告在页面载入时制作幻灯片效果，要求广告带有状态指示器，广告还可单击交互轮播。

1. 制作 banner 广告幻灯片效果（如图 2.3-24 所示）

步骤 1　右击 banner 广告组合中的图片，在弹出的快捷菜单中选择最后一个选项"转换为动态面板"，然后在"元件属性和样式"面板中命名为"banner 广告"，在如图 2.3-25 所示的"概要"面板中选择 State1（状态 1）旁边的"复制状态"按钮，连续复制两个状态。

图 2.3-24 "banner 广告"的幻灯片循环播放顺序及效果

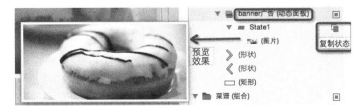

图 2.3-25 "概要"面板中"banner 广告"动态面板预览效果图

步骤 2 复制状态 1 后"概要"面板如图 2.3-26（a）所示，双击"概要"面板"banner 广告"的 State2 中的图片，进入 State2 的动态面板编辑区，如图 2.3-26（b）所示，双击图片并在弹出的图片选择对话框中选择第二张 banner 广告图片。用同样的方法对"banner 广告"的 State3 进行编辑，完成后如图 2.3-26（c）所示。

图 2.3-26 "banner 广告"动态面板的状态编辑图

步骤 3 回到页面首页，如图 2.3-27 所示，在"元件属性和样式"面板中双击"页面载入时"，在弹出的"用例编辑<页面载入时>"对话框的"添加动作"区选择"设置面板状态"；在"配置动作"中勾选"banner 广告（动态面板）state to Next"，出现动态面板状态设置对话框（图中④所示），"选择状态"为"Next"；在"组织动作"中预览整个动作的描述（可调节动作的顺序），最后单击"确定"按钮完成"banner 广告"的幻灯片播放效果的制作。

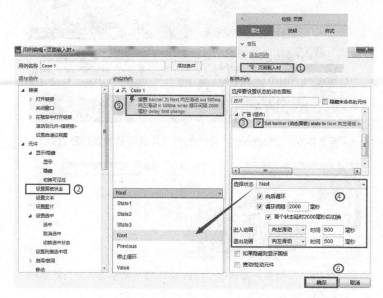

图 2.3-27   "banner 广告"的幻灯片播放效果动作编辑

✅ **思考**："banner 广告"以幻灯片循环播放，要想对某一图片进行操作，该如何设置？停止后又如何让"banner 广告"继续以幻灯片循环播放？

---

2. 制作带有状态指示器的 banner 广告（如图 2.3-28 所示）

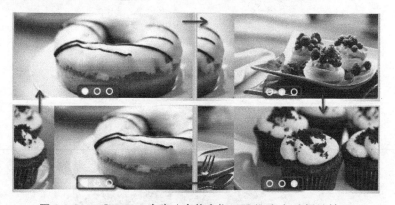

图 2.3-28   "banner 广告（含状态指示器）"幻灯片播放效果

【方法一】

步骤 1   选中并右击"banner 广告"中代表 3 张不同广告图片状态的 3 个圆（状态指示器），在弹出的快捷菜单中选择最后一个选项"转换为动态面板"，同样的方法复制出 3 个相同的状态，并对 3 个状态中的 3 个圆分别编辑成如图 2.3-29 所示的效果。

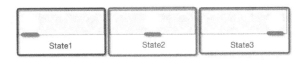

图 2.3-29　状态指示器的 3 个状态

步骤 2　退出动态面板，在页面编辑区的空白处单击切换到页面后进行如下设置。如图 2.3-30 所示，在"元件属性和样式"面板中，双击"页面载入时"交互用例，弹出"用例编辑<页面载入时>"对话框，添加动作"设置面板状态"，然后在"配置动作"区勾选"Set banner 状态指示器（动态面板）state to Next"（注意勾选的对象不能错），在设置该面板时需要注意图中④上半部分的设置必须跟"banner 广告（动态面板）"的设置完全一致，下半部分的动画必须设置为"无"。

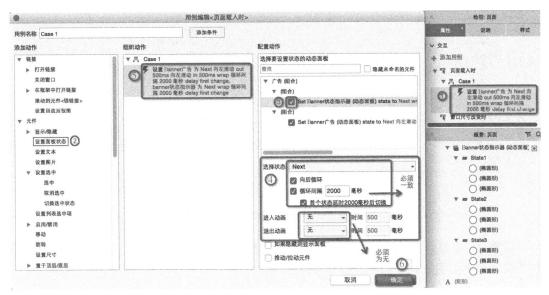

图 2.3-30　"banner 状态指示器"幻灯片播放效果设置

【方法二】

步骤 1　选中"banner 广告"中代表 3 张不同广告图片状态的 3 个圆（状态指示器），设置 3 个圆的默认样式及选中样式如图 2.3-31 所示。

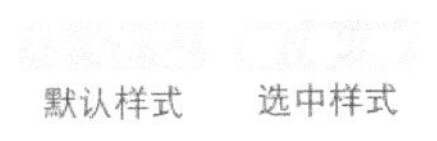

默认样式　　选中样式

图 2.3-31　状态指示器的两种样式设置

步骤 2　为 3 个圆分别命名代表"banner 广告"动态面板的各个状态，如图 2.3-32 所示。

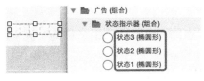

图 2.3-32　为 3 个圆命名

步骤 3　选中"banner 广告"动态面板，双击"状态改变时"交互用例，弹出"用例编辑<状态改变时>"对话框，添加动作"选中"，勾选状态，设置值为"true"，并添加条件"面板状态 banner 广告==State1"。如图 2.3-33 所示。

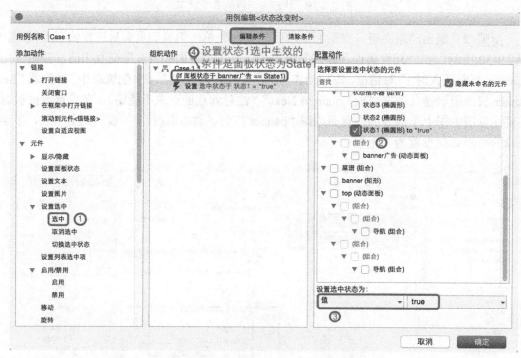

图 2.3-33　状态指示器状态 1 的设置

步骤 4　重复步骤 3，设置状态指示器状态 2、状态 3 的选中效果，最终的"状态改变时"交互用例如图 2.3-34 所示。

图 2.3-34　"状态改变时"交互用例

步骤 5　选中状态 1，设置其属性为在"引用页面"时默认为"选中"状态，如图 2.3-35 所示，这一操作可以在页面加载显示广告一的图片时，状态指示器也显示为状态 1 状态，使其合乎逻辑。

步骤 6　同时选中三个状态圆，设置选项组名称为"状态指示"，如图 2.3-36 所示。（前面设置状态圆的选中生效时并没设置选中失效条件，此操作可让三个状态圆变成唯一单选项，即每次只能有一个状态圆选中生效。）

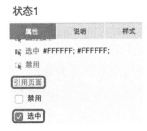

图 2.3-35　设置状态 1 在"引用页面"时默认为"选中"状态

图 2.3-36　设置状态圆为唯一单选项

3. 制作状态指示器的广告交互效果

鼠标单击状态指示器时转换成相应的广告图片状态，如图 2.3-37 所示。本案例操作步骤采用上面的方法二。

图 2.3-37　单击状态指示器时播放效果

步骤 1　选中"状态 1"，在"元件属性和样式"面板中双击"鼠标单击时"交互用例，进入"用例编辑<鼠标单击时>"对话框，进行如图 2.3-38 所示的设置，预览动作描述后单击"确定"按钮。

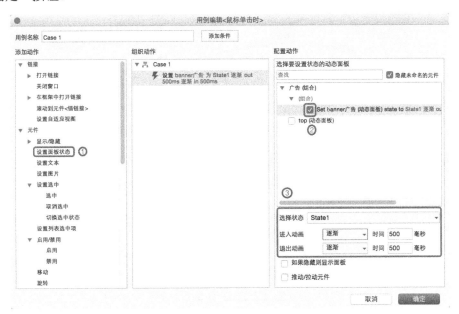

图 2.3-38　"状态 1"鼠标单击时用例设置

步骤 2 用步骤 1 的方法设置"状态 2"、"状态 3",即可完成单击"状态指示器"时播放对应的广告图片,设置时注意其对应的"banner 广告"动态面板的状态。

4. 制作可单击交互的 banner 广告

banner 广告在轮播时,要求当用户看到感兴趣的广告时,只要鼠标移入广告区(非状态指示器)广告就停止轮播,并出现两个箭头可让用户进行单击查看前面/后面的广告内容,效果如图 2.3-39 所示。

图 2.3-39 单击箭头播放效果

思考: 若单击箭头后幻灯片不再继续播放,应如何设置其继续循环播放?为了美观,箭头默认为隐藏,又应如何设置鼠标移入"banner 广告"范围时触发其显示?

步骤 1 拖入"Angle Left"和"Angle Right"元件到编辑区中,设置其大小、位置及颜色后,将其转换为动态面板,命名为"banner 可单击",并将该动态面板设置为隐藏,如图 2.3-40 所示。

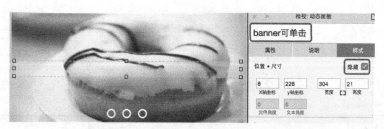

图 2.3-40 制作并设置"banner 可单击"动态面板

步骤 2 选中"banner 广告"动态面板,为其添加一个"鼠标移入时"停止轮播广告及显示"banner 可单击"动态面板的用例,效果如图 2.3-41 所示。

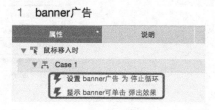

图 2.3-41 设置"banner 广告"动态面板的"鼠标移入时"用例

步骤 3 双击进入"banner 可单击"动态面板的"State1"编辑区，选中"向左箭头"并在用例中双击"鼠标单击时"，在弹出的"用例编辑<鼠标单击时>"对话框中进行如图 2.3-42 所示的设置，将"向左箭头"中"banner 广告"动态面板状态选择为"Previous"，并勾选"向前循环"选项，同时"banner 广告"的动画应为"向右滑动"。

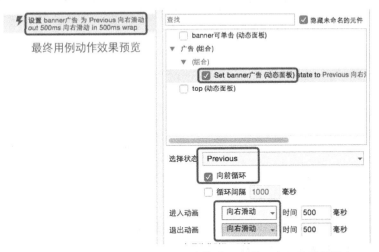

图 2.3-42 "banner 可单击"向左箭头"向前一张"的动作设置

步骤 4 继续添加"等待"动作，等待时间为 2000 毫秒；最后添加原来的广告轮播效果。等待及继续轮播动作的设置可参考图 2.3-43 所示。

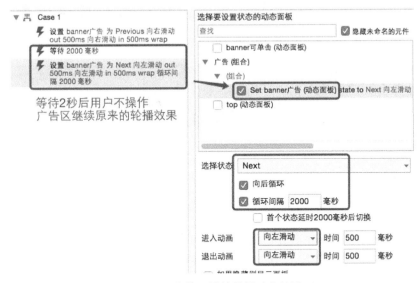

图 2.3-43 等待及继续轮播动作的设置

步骤 5 复制"向左箭头"的用例动作设置，选中"向右箭头"的"鼠标单击时"用例并粘贴用例动作，双击进入"用例编辑<鼠标单击时>"对话框进行修改，如图 2.3-44 所示，只需修改图中画框部分内容，即可完成"banner 可单击"动态面板的可单击广告效果。

图 2.3-44 "banner 可单击"向右箭头动作设置

课堂练习 4 将 Sweet Cake 网站首页的顶部固定在页面的顶端，当用户垂直滚动窗口超过广告区域时，顶部会发生变化

效果如图 2.3-45 所示。

图 2.3-45 首页顶部固定效果展示

步骤 1 把属于顶部的所有元件选中，并一起转为动态面板（只有动态面板能实现固定到浏览中），命名为"顶部"，设置如图 2.3-46 所示，单击"固定到浏览器"按钮，在"固定到浏览器"对话框中设置好固定的位置，单击"确定"按钮即可完成固定到浏览器顶部的设置。

步骤 2 复制"顶部"动态面板 State1，进入"顶部"动态面板 State2，按照图 2.3-45所示修改各元件的样式。

步骤 3 拖入一个"热区"置于页面编辑区中，将其高从广告区域的下方一直覆盖到页面底端，宽为 10 像素。如图 2.3-47 所示，因版面的问题，热区只截取了一小截，热区是一个透明的组件，可作为反应区。

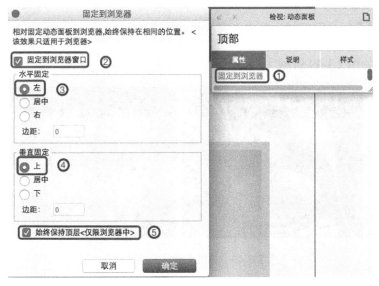

图 2.3-46 顶部固定到浏览器设置

图 2.3-47 放置热区

步骤 4 在页面的交互添加用例"窗口向下滚动时",设置条件——如果"顶部"动态面板接触到"顶部变化"热区时,"顶部"动态面板变成 State2 状态,否则变回 State1 状态,如图 2.3-48 所示。

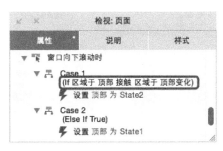

图 2.3-48 "顶部"窗口向下滚动时交互设置

思考: 完成步骤 1~4 后,预览时你会发现有什么问题?应该如何设置才能实现"顶部"位于广告区域上方时为 State1,位于广告区域下方时为 State2 的完美变化?

课堂练习 5 为网页制作自定义形状的旋转交互

交互效果如图 2.3-49 所示。

图 2.3-49 自定义形状的旋转交互

步骤 1 将上一任务制作的两个缺口圆环及无填充色的白边椭圆进行组合,如图 2.3-50 所示,并命名为"圆环"。

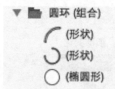

图 2.3-50 "圆环"组合

步骤 2 将图片置于组合上方,选中图片,并为其添加"鼠标移入时"用例,用例设置如图 2.3-51 所示。

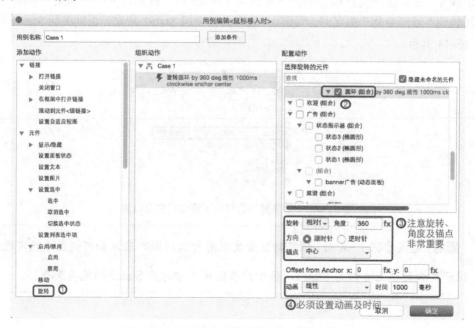

图 2.3-51 自定义形状的旋转交互效果设置

课堂练习6 为文本框制作边框变色交互，当文本框处于编辑状态时，外边框变色；当文本框处于非编辑状态时，外边框变回原来的颜色

效果如图 2.3-52 所示。

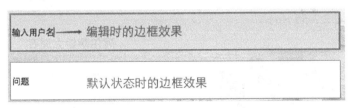

图 2.3-52 边框在编辑与非编辑时的效果变化

步骤1 选中所有文本框下对应的矩形框，设置矩形默认效果为灰色边框、白色填充，选中交互样式设置为蓝色边框、淡蓝色填充效果，如图 2.3-53 所示。在这里要注意，要想看到淡蓝色的填充效果，文本框的填充色不透明度必须为 100%。

图 2.3-53 矩形的"选中"交互样式设置

步骤2 选中"用户名"文本框（以此文本框为例），为其添加"获取焦点时"和"失去焦点时"用例，设置如图 2.3-54 所示。这里要注意的是变化的对象应为"用户名"的矩形，不能为"用户名"文本框本身。

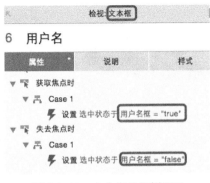

图 2.3-54 文本框的用例设置

课堂练习7 根据样图制作菜谱的商品详情页，单击菜谱中的图片跳转到该页面，在该页面可进行商品尺寸的选择，以及数量的加减交互，单击"立即购买"或"放入购物车"按钮，跳转到本网站的首页

交互效果如图 2.3-55 所示。

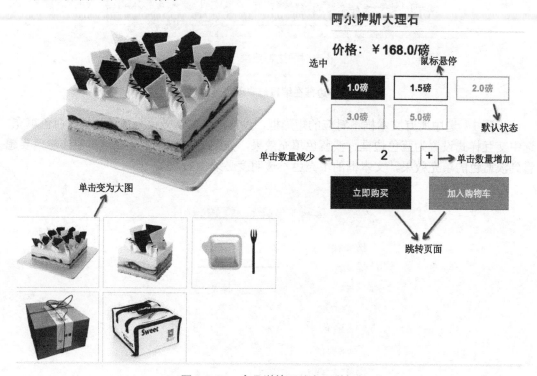

图 2.3-55　商品详情页的交互详解

注：具体的商品详情页面的制作请参照任务 2 中的方法，这里不再介绍。

1. 单击小图变为相应的大图

步骤 1　绘制"商品详情大图"的动态面板，并把商品详情中五张小图所对应的大图分别放在该动态面板的 State1～State5 中，如图 2.3-56 所示。

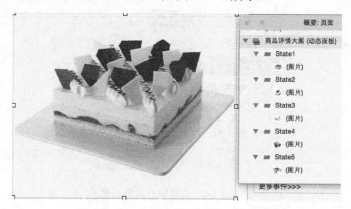

图 2.3-56　"商品详情大图"动态面板

步骤 2 选中商品的小图，进入到该小图的"用例编辑<鼠标单击时>"对话框，选择"设置面板状态"并勾选"商品详情大图"动态面板项进行如图 2.3-57 所示的设置。

图 2.3-57 鼠标单击小图时的面板状态设置

步骤 3 重复步骤 2 完成其他商品小图相应的设置。在此应注意的是相应的小图选择的面板状态是与其对应的 State，不是全部设置为 State1。

2．商品尺寸选择交互（注意同一属性只能选择一项）

步骤 1 选择其中一个选项（或者按 Ctrl 键依次点选全部一起设置），单击"元件属性和样式"面板"交互样式设置"中的"鼠标悬停"，在弹出的"交互样式设置"对话框中勾选并设置"字体颜色""线段颜色"，如图 2.3-58 所示。

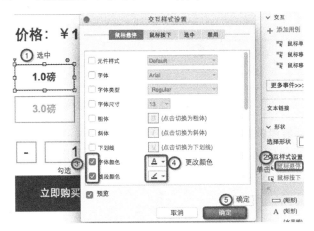

图 2.3-58 商品尺寸项"鼠标悬停"交互样式设置

步骤 2 在"交互样式设置"对话框中单击"选中"选项卡，切换至"选中"状态的设置，勾选并设置"字体颜色""线段颜色"及"填充颜色"项，如图 2.3-59 所示。

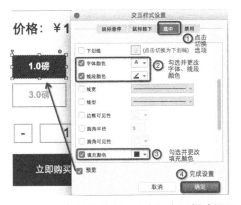

图 2.3-59 商品尺寸项"选中"交互样式设置

步骤 3 进入该选项的"用例编辑<鼠标单击时>"对话框进行"选中"状态的设置，要求设置为"toggle（切换）"，步骤 2 中只是"选中"交互样式的设置，如果要让"选中"样式有效，必须要在用例编辑器中指定其为"true（有效）"或者"toggle（切换）"中的任一项，如图 2.3-60 所示。

图 2.3-60 利用具体用例使"选中"交互样式生效

步骤 4 选中商品尺寸的所有选项，完成步骤 1、2、3 的设置，在"设置选项组名称"中输入商品尺寸选项组的名字，即可完成同一属性只能选择一项的设置，如图 2.3-61 所示。

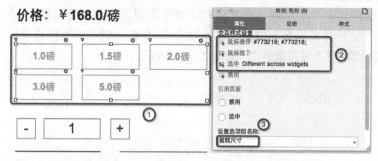

图 2.3-61 输入商品尺寸选项组名称

3．调用变量控制数量的加减

步骤 1 给这三个元件命名，分别为减、count、加。如图 2.3-62 所示。

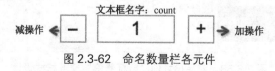

图 2.3-62 命名数量栏各元件

步骤 2 如图 2.3-63 所示选择减操作元件，进入该元件的"用例编辑<鼠标单击时>"对话框，添加动作"设置文本"，勾选"count"元件，单击下方"设置文本为："的"fx"（插入函数）按钮，弹出"编辑文本"对话框，单击"添加局部变量"按钮，增加局部变量LVAR1（系统默认），在"="后的第一个下拉列表中选择"元件文字"项，在第二个下拉列表中选择"count"元件，指明该动作影响"count"元件的文字，然后在对话框上方单击"插入变量或函数"按钮，选择局部变量 LVAR1，下方方框中出现一个表达式，修改该表达式为[[LVAR1-1]]。连续单击两个"确定"按钮完成减操作的设置。

步骤 3 选择加操作元件，利用步骤 2 的方法设置变量和函数控制加操作的文本，即可完成数量的加减操作，唯一的区别在于加操作的表达式为[[LVAR1+1]]。如图 2.3-64 所示为减操作和加操作的交互动作用例对比图。

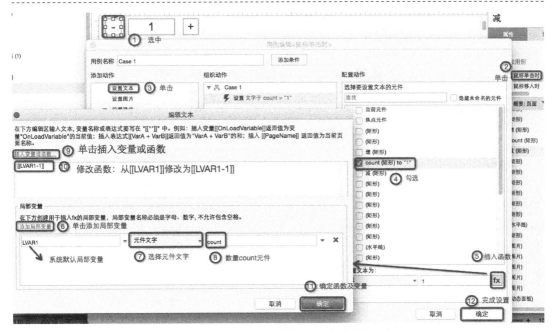

图 2.3-63　利用变量和函数控制减操作的文本设置

图 2.3-64　减操作和加操作的交互动作用例对比图

✅ **思考**：当 count 元件数量为 1 时，单击减操作元件一下、两下会出现什么情况？应该如何解决？那如果 count 元件出现了数量限制，加操作元件又应该如何设置？

4. 利用立即购买/加入购物车按钮跳转（页面）链接

步骤 1　选中"立即购买"按钮，进入"用例编辑<鼠标单击时>"对话框，添加动作"打开链接"，在配置动作中选择首页的页面，单击"确定"按钮完成跳转链接的设置。如图 2.3-65 所示。

步骤 2　选中"加入购物车"按钮，重复步骤 1 的操作即可完成跳转链接设置。

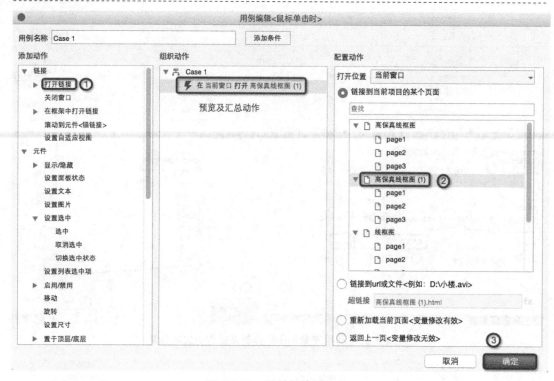

图 2.3-65　跳转链接的设置

(⊙) **任务实施**

1. 制作菜单的交互

为上一任务完成的低保真效果图制作菜单的交互。鼠标经过有下级子菜单的导航菜单时会自动弹出子菜单，鼠标经过子菜单时文字颜色变为蓝色，如图 2.3-66 所示。

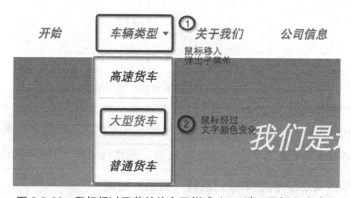

图 2.3-66　鼠标经过子菜单的交互样式（PC 端及平板电脑端）

步骤 1　绘制"车辆类型子菜单（组合）"元件，其结构如图 2.3-67 所示，然后使"车辆类型子菜单（组合）"对齐"车辆类型（组合）"，勾选"隐藏"设置"车辆类型子菜单（组合）"默认为隐藏。选中"车辆类型子菜单（组合）"中的三个子菜单文字，设置其"交互样式设置"中"鼠标悬停"的字体颜色为蓝色。

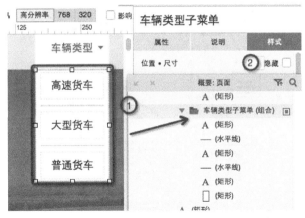

图 2.3-67 "车辆类型子菜单（组合）"结构及隐藏设置

步骤 2 选中如图 2.3-68 所示的"车辆类型（组合）"，进入"用例编辑<鼠标移入时>"对话框，添加动作"显示/隐藏"，然后勾选"车辆类型子菜单（组合）"，并设置其为"显示"，动画效果为"向下滑动"，勾选"置于顶层"，更多选项为"弹出效果"。

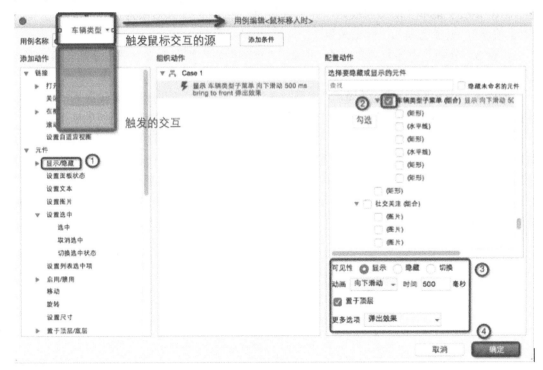

图 2.3-68 设置导航菜单的鼠标交互

【**备注**】弹出效果把触发鼠标交互的源和触发的交互（包含它们之间垂直线连接的空白区域）作为鼠标触发范围，鼠标移出这个范围，触发的交互会自动复原。触发鼠标交互的源和触发的交互如图 2.3-68 所示。

● 手机端导航菜单的交互设置。

因版面问题，手机端的导航菜单默认是被隐藏的，所以其设置与 PC 端、平板电脑端的不同。手机端的导航菜单应做如图 2.3-69 所示的交互。

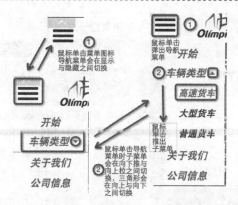

图 2.3-69　手机端菜单的交互样式

步骤 1　绘制出如图 2.3-69 所示的导航菜单与子菜单，并设置其文字默认及鼠标悬停样式。

步骤 2　把导航菜单中的四个菜单文字项转换为动态面板，并命名为"320 导航"，选中"菜单图标"，进入"用例编辑<鼠标单击时>"对话框，添加动作"显示/隐藏"，然后勾选"320 导航子菜单（动态面板）"，并设置其为"显示"，动画效果为"向下滑动"，勾选"置于顶层"，更多选项为"弹出效果"。

步骤 3　分别选中导航菜单中的"开始""车辆类型"等四个文字项，分别转换为动态面板。

步骤 4　把子菜单"高速货车""大型货车""普通货车"同时选中后转换为动态面板，并命名为"320 导航子菜单"同时把它的顶部贴紧于"车辆类型"动态面板的底部。

步骤 5　选中"车辆类型"动态面板，进入"用例编辑<鼠标单击时>"对话框，添加动作"显示/隐藏"，然后勾选"320 导航子菜单（动态面板）"，并设置其为"切换"，勾选"推动/拉动元件"，方向为"下方"，具体设置如图 2.3-70 所示。然后继续添加动作"旋转"，勾选"车辆类型"旁的倒三角形，并设置其旋转为"相对位置"，角度为"180"，方向为"顺时针"，动画为"线性"。

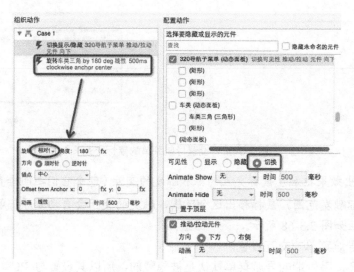

图 2.3-70　子菜单的推拉设置

备注：推拉效果中触发鼠标"显示/隐藏"交互时，尾随部分会自动贴紧上方/左侧。

 思考：子菜单推拉时，背景应如何设置最容易解决自适应菜单的高度？旋转的相对位置和绝对位置有何区别？

2. 制作搜索按钮的交互

为运输网站制作搜索按钮的交互，效果如图 2.3-71 所示，单击"搜索"按钮时弹出搜索框，单击搜索框可获取焦点，再次单击"搜索"按钮时收起搜索框。

图 2.3-71　搜索按钮交互图

 思考：本任务中鼠标单击时的交互用例添加的是何动作？

📢 **提示**

搜索框可用矩形和文本框元件共同制作，注意元件之间的层次关系，尤其需要注意的是交互时元件之间的层次有变化。

3. 制作登录模块的交互

为运输网站制作登录模块的交互。三端的效果如图 2.3-72 所示，单击登录图标时弹出登录对话框。

图 2.3-72　登录模块效果

步骤 1　按照效果图制作出登录组合模块，并将其命名为"登录"，如图 2.3-73 所示。

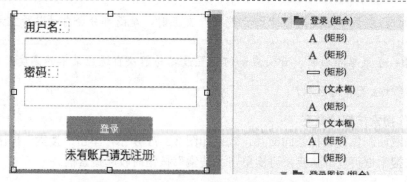

图 2.3-73　登录组合模块效果及层次结构

步骤 2　使"登录（组合）"默认隐藏，选中"登录图标（组合）"，进入"用例编辑<鼠标单击时>"对话框，添加动作"显示/隐藏"，动作对象为"登录（组合）"，要求其以灯箱效果显示置于顶层，设置如图 2.3-74 所示。

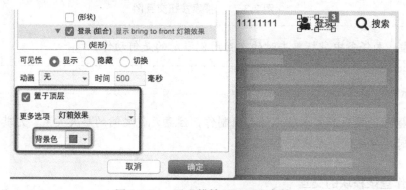

图 2.3-74　登录模块显示设置参数

提示

　　灯箱效果就是让显示的模块成为焦点，模块以外的范围加了一个拥有透明度的纯色背景，使显示的模块以外的内容可视度降低。

以本模块的按钮为例，如图 2.3-75 所示，把页面中所有的按钮都做成这样的效果。

图 2.3-75　页面按钮的状态示意图

4. 固定导航栏

页面顶部导航栏以上的部分固定在浏览器的顶端。三端的顶部固定效果如图 2.3-76 所示。

步骤 1　进入"高分辨率"页面，选中"顶部（组合）"并将其转化为动态面板，命名为"顶部固定（动态面板）"。如图 2.3-77 所示。

步骤 2　选中"顶部固定（动态面板）"，在"元件属性和样式"面板中，单击"固定到浏览器"按钮，在弹出的"固定到浏览器"对话框中勾选"固定到浏览器窗口"，单击"确定"按钮即可完成顶部固定到浏览器的效果,如图 2.3-78 所示。

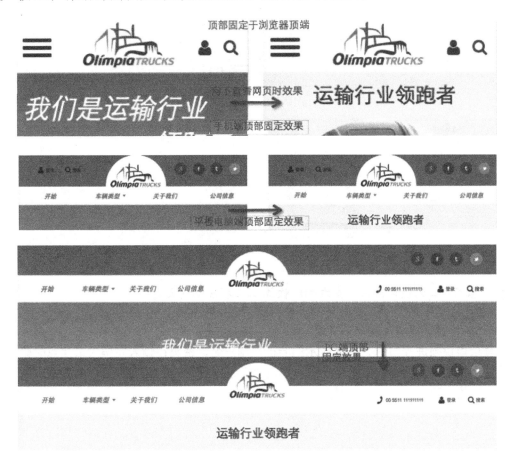

图 2.3-76 网页顶部固定于浏览器的(三端)效果

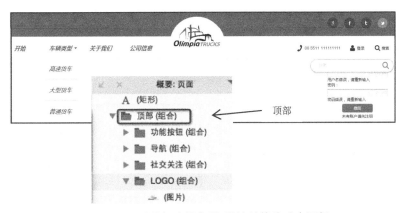

图 2.3-77 "顶部(组合)"模块转换为动态面板

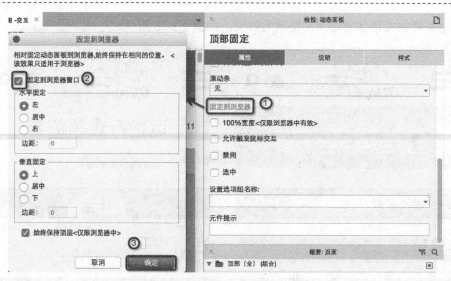

图 2.3-78　固定到浏览器的设置

 思考：回到顶部按钮、左右侧的收藏/工具栏应如何固定？

5. 制作登录模块及验证的交互

　　登录模块须进行如图 2.3-79 所示的验证，用户名、密码在输入完毕失去焦点时验证其准确性，错误时会出现红色文字提示；单击"登录"按钮的同时判断用户名和密码的准确性，错误的选项会出现红色文字提示。

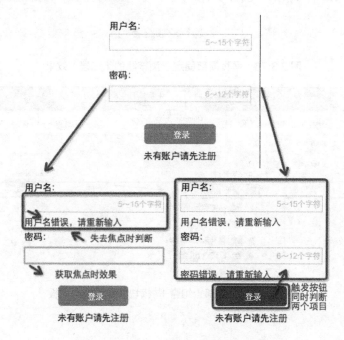

图 2.3-79　登录模块验证

　　步骤 1　制作用户名、密码的验证文字提示元件，分别命名为"用户名验证""密码验证"，样式属性设置为默认隐藏。

　　步骤 2　选中"用户名（文本框）"，在"失去焦点时"添加动作"显示/隐藏"，先拟定一个用户名"admin"，指定条件（如图 2.3-80 所示）显示"用户名验证"——当文本框中的文字内容与当前用户名"admin"不符时才显示，条件及用例设置如图 2.3-81 所示。

图 2.3-80　添加指定条件判断用户名的正确性

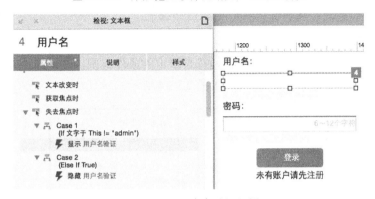

图 2.3-81　"用户名验证"设置

　　步骤 3　选中"密码（文本框）"，先拟定一个密码"123456"，指定条件（如图 2.3-82 所示）显示"密码验证"——当文本框中输入的文字内容与当前设定密码"123456"不一致时才显示，条件及用例设置如图 2.3-82 所示。

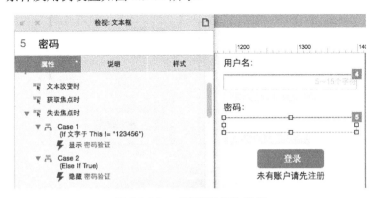

图 2.3-82　"密码验证"设置

　　步骤 4　选中"登录"按钮，设置其"用例编辑<鼠标单击时>"对象、条件及动作如图 2.3-83 所示，通过单击按钮触发用户名、密码的判断，只有用户名和密码同时满足设定的值，才能成功跳转到特定的页面，否则会显示相应的错误提示。

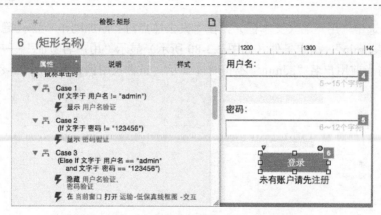

图 2.3-83　跳转页面前的用户名及密码验证

> ✓ **思考**："条件设立"对话框中，符合"全部/任何"两个选项有何区别？条件设立时有 If 和 Else If 的区分，这两者在软件中如何切换？

6. 完成注册模块

网页可进行注册，注册时每一项必须符合指定的条件范围，在注册成功跳转页面后能看得到用户注册填写的用户名和密码，如图 2.3-84 所示。

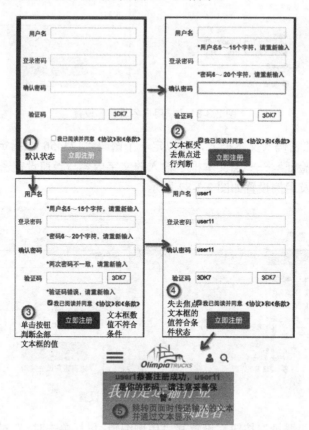

图 2.3-84　注册模块各状态条件判断示意图

步骤 1　制作"注册模块（组合）"，各元件名称及样式属性如图 2.3-85 所示。

步骤 2　选中"用户名（文本框）"，在"用例编辑<失去焦点时>"添加"显示/隐藏"
动作，要求用户名在 5～15 个字符之间，根据要求设定判断条件来显示或者隐藏"用户名-
错误"提示文字，如图 2.3-86 所示。

步骤 3　根据步骤 2 的方法设置"登录密码（文本框）""确认密码（文本框）""验证
码（文本框）"，注意设置其相应的显示错误提示的判断条件。

步骤 4　参照前面登录模块中"登录按钮"的设置，完成"立即注册（按钮）"的判断
及跳转。

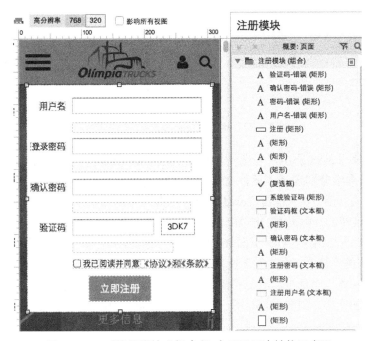

图 2.3-85　"注册模块（组合）"布局及层次结构示意图

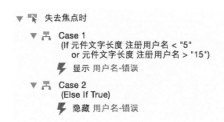

图 2.3-86　用户名判断条件设置

步骤 5　选中"立即注册（按钮）"，进入"用例编辑<鼠标单击时>"对话框，在跳转
页面动作前，添加动作"设置变量值"，如图 2.3-87 所示，在配置动作中单击"添加全局变
量"按钮，弹出"全局变量"对话框，单击绿色"+"按钮增加新变量（必须是字母、数字），
在框中输入"username"（自定义）。

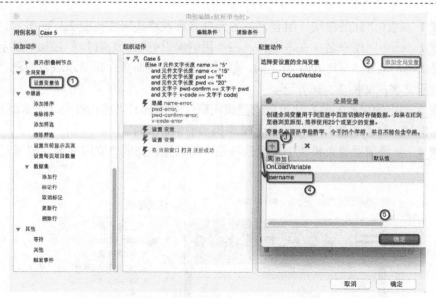

图 2.3-87　增加"username"全局变量

步骤 6　如图 2.3-88 所示，勾选新增加的变量"username"，在下方的"设置全局变量值为"下拉列表框中分别选择"元件文字"和"注册用户名"。

步骤 7　重复步骤 5、6 设置"pwd"全局变量，如图 2.3-89 所示。

步骤 8　在跳转的目标页面线框图编辑区放置一个文本标签元件，并命名为"welcome1"，单击页面空白处，进入"用例编辑<页面载入时>"对话框，添加动作"设置文本"，勾选"welcome1（矩形）"，在下方的"设置文本为"下拉列表中选择"富文本"，单击旁边的"编辑文本…"按钮，弹出"输入文本"对话框，单击"插入变量或函数…"按钮，选择"username""pwd"，并编辑自己需要的文字，如图 2.3-90 所示，即可完成利用全局变量在页面中数据的传递。

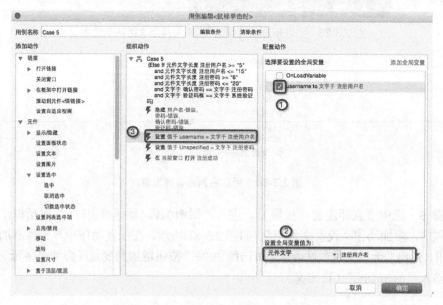

图 2.3-88　设置"username"传递值

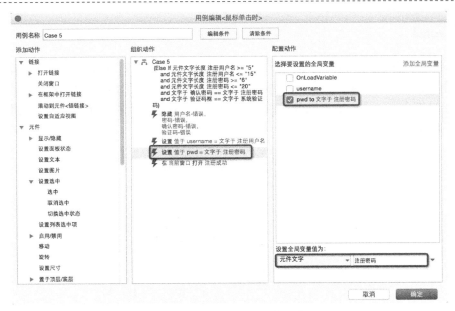

图 2.3-89　设置"pwd"全局变量

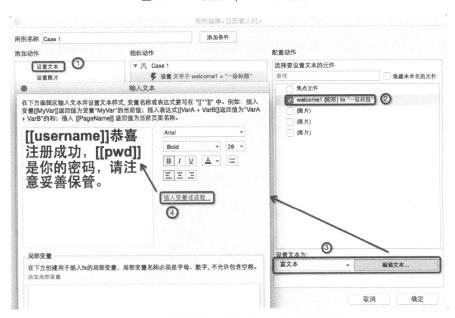

图 2.3-90　编辑显示用户输入的文本数据文本

任务回顾

　　能够根据不同设备的响应式设计特点，设计出符合用户体验的界面交互设计，不能简单地对内容进行拓展或者压缩，要结合不同设备在布局上的结构特点，制作出响应式的逻辑清晰的界面交互设计。

📞 **任务拓展**

1. 利用动态面板的属性制作快捷方式的交互效果，如图 2.3-91 所示

快捷方式默认为隐藏，鼠标单击按钮能够触发快捷方式的显示，鼠标经过各个快捷方式的按钮时都会有一个向右滑动的效果，鼠标移出后复原。要求快捷方式固定在浏览器的左侧，不随网页的滚动而滚动。

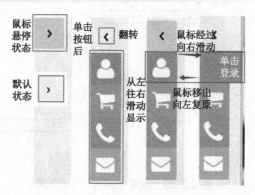

图 2.3-91　快捷方式交互效果展示

步骤1　制作箭头按钮（箭头形状及矩形背景的组合），默认背景为透明，鼠标悬停时背景为灰色，箭头默认向右（提示可单击展开隐藏项）。

步骤2　制作快捷方式的四个按钮——单击登录、加入购物车、在线客服、联系我们，各个按钮分别由矩形背景与形状组合而成。

步骤3　将登录按钮转换成动态面板，名为"登录面板"，并制作一个小矩形，名为"登录跟随"，如图 2.3-92 所示。

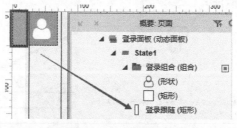

图 2.3-92　登录面板各元件

步骤4　将"登录组合""登录跟随"默认位置放置在"登录面板"的（-20，0）处（-20 为登录跟随元件的宽度值），如图 2.3-93 所示。

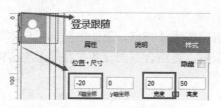

图 2.3-93　"登录跟随"元件坐标

步骤 5 将"登录面板"设置为隐藏,如图 2.3-94 所示。

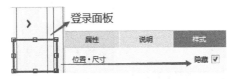

图 2.3-94 隐藏"登录面板"

步骤 6 设置"箭头组合"的交互,"箭头"形状在"鼠标单击时"——进行以箭头"中心"为锚点、相对位置顺时针 180 度的线性旋转。各个动态面板在"鼠标单击时"——进行"显示/隐藏"的切换效果,如图 2.3-95 所示。

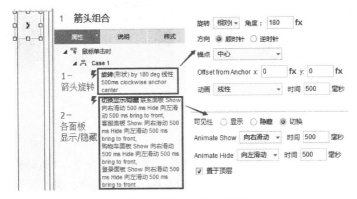

图 2.3-95 "箭头组合"的交互设置

步骤 7 选中"登录组合",设置其"允许触发鼠标交互",以及"鼠标移入时"选择"登录组合"进行"相对位置"x:20 的线性移动,为"登录组合"设置右侧边距为 70(登录面板的宽度值),隐藏"登录"形状,并设置"背景"矩形(单击登录)文字为"富文本",字体颜色为白色。"鼠标移出时"选择"登录组合"进行"相对位置"x:-20 的线性移动,显示"登录"形状,设置"背景"矩形文字为""。如图 2.3-96 所示。

步骤 8 设置"登录跟随"交互效果。选中"登录组合",添加"移动时"交互,设置"登录跟随"效果为"跟随",如图 2.3-97 所示。

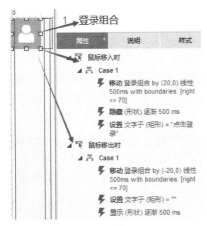

图 2.3-96 "登录组合"的向右滑动及复原设置

图 2.3-97 "登录跟随"设置

2. 利用中继器的属性制作价格的排序、价格筛选效果及翻页效果

（1）制作价格按钮。单击按钮可使商品按价格从小到大或从大到小排序，如图 2.3-98 所示。

（a）价格从小到大排序　　　　　　　　　　（b）价格从大到小排序效果

图 2.3-98　价格排序

步骤 1　制作"菜谱价格"按钮。

步骤 2　选择"菜谱价格"按钮，添加"鼠标单击时"交互，"菜谱价格"按钮的"箭头"设置为"180 度的相对位置旋转"，可表示价格的升序/降序；并为"菜谱"中继器添加"price"（价格）按"Number"（数值）"切换"排序，如图 2.3-99 所示。

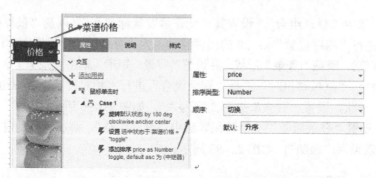

图 2.3-99　"菜谱价格"按钮价格排序设置

（2）制作价格筛选效果。

在价格文本框中输入两个值，单击"确认"按钮可对商品进行价格区间的筛选，效果如图 2.3-100 所示。单击"重置"按钮，可使商品取消价格区间的筛选并复原，如图 2.3-101 所示。

步骤 1　制作两个价格文本框（用于输入筛选的最低价格和最高价格）及"确认""重置"按钮。

步骤 2　选择"确认"按钮，添加"鼠标单击时"交互，为"菜谱"中继器"添加筛选"，输入筛选的名称（如图 2.3-102 所示），在条件中添加两个局部变量"MinP""MaxP"分别记录"最低价格（文本框）""最高价格（文本框）"的数据，并在"插入变量或函数"中输入"[[Item.price>=MinP&&Item.price<=MaxP]]"公式，使记录的数据传递到公

式中。用户在浏览器中输入两个数值，单击"确认"按钮时完成"价格区间"的筛选并返回结果。

图 2.3-100　对商品进行价格区间筛选　　　　图 2.3-101　对商品取消价格区间筛选

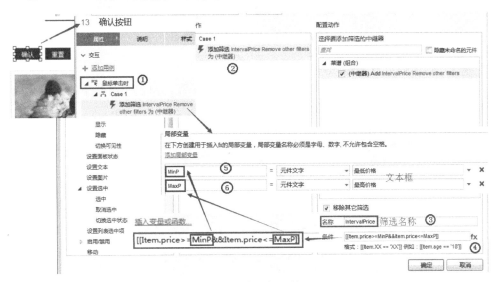

图 2.3-102　"价格区间"筛选的设置

步骤 3　选择"重置"按钮，添加"鼠标单击时"交互，为"菜谱"中继器"移除筛选"，输入要移除筛选的名称（如图 2.3-103 所示），并设置"最低价格（文本框）""最高价格（文本框）"文本为""。用户在浏览器中单击"重置"按钮时完成取消价格区间筛选，并使文本框、商品展示复原。

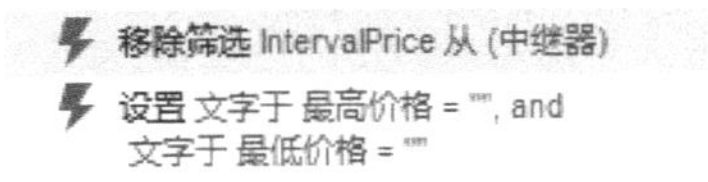

图 2.3-103　移除价格区间筛选并复原文本框及商品展示

（3）制作商品展示区的翻页效果。

为商品展示区制作翻页效果（四个）按钮，第一个按钮"<<"，可使展示区回到"首页"；第二个按钮"<"，可使展示区向前翻一页；第三个按钮">"，可使展示区向后翻一页；第四个按钮"＞＞"，可使展示区去至"尾页"。如图 2.3-104 所示为翻页按钮效果展示。

图 2.3-104　翻页按钮效果展示

　　步骤1　制作翻页效果按钮。

　　步骤2　选择"＜＜"按钮，添加"鼠标单击时"交互，单击中继器下的"设置当前显示页面"，选择页面为"Value"，输入页码为"1"，如图 2.3-105 所示。

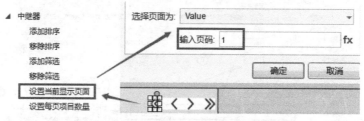

图 2.3-105　回到"首页"交互设置

　　步骤3　选择"＜"按钮，添加"鼠标单击时"交互，单击中继器下的"设置当前显示页面"，选择页面为"Previous"，如图 2.3-106 所示。

图 2.3-106　向前翻一页

　　步骤4　选择"＞"按钮，添加"鼠标单击时"交互，单击中继器下的"设置当前显示页面"，选择页面为"Next"。

　　步骤5　选择"＞＞"按钮，添加"鼠标单击时"交互，单击中继器下的"设置当前显示页面"，选择页面为"Last"。

　　3. 利用内联框架加载可交互的百度地图，如图 2.3-107 所示

图 2.3-107 地图展示

步骤 1 进入百度地图开放台，注册成为个人开发者并登录账户。

步骤 2 申请密钥时跳转至我的应用页面，按照提示创建应用，如图 2.3-108 所示。

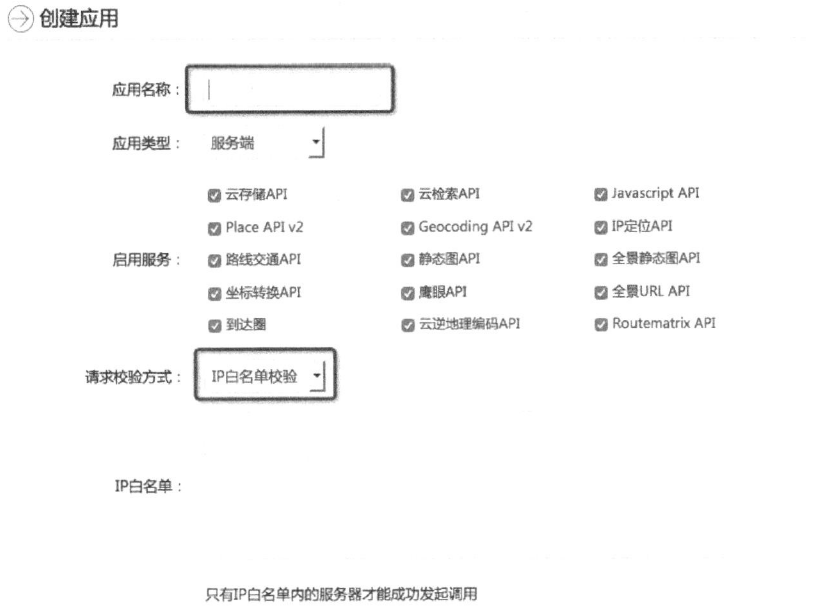

⊘ 创建应用

应用名称：[   ]

应用类型： 服务端 ▾

启用服务： ☑ 云存储API   ☑ 云检索API   ☑ Javascript API
          ☑ Place API v2   ☐ Geocoding API v2 ☑ IP定位API
          ☑ 路线交通API   ☑ 静态图API   ☑ 全景静态图API
          ☑ 坐标转换API   ☐ 鹰眼API   ☑ 全景URL API
          ☑ 到达圈   ☑ 云逆地理编码API   ☑ Routematrix API

请求校验方式： IP白名单校验 ▾

IP白名单：

只有IP白名单内的服务器才能成功发起调用

图 2.3-108 创建应用获取访问应用 AK（密钥）

步骤 3 提交后回到应用列表，如图 2.3-109 所示，复制"访问应用（AK）"的值。

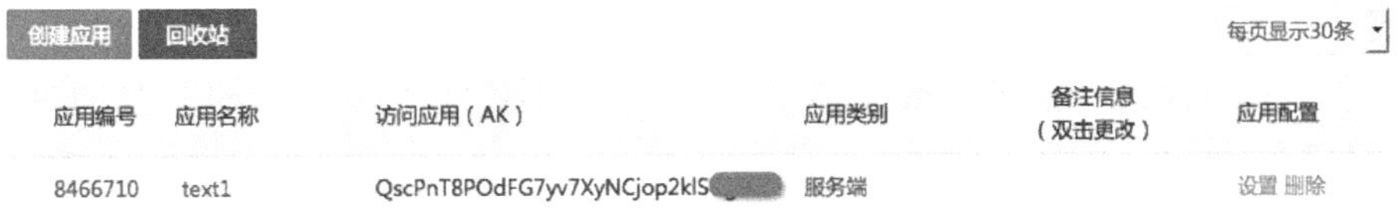

创建应用	回收站				每页显示30条 ▾
应用编号	应用名称	访问应用（AK）	应用类别	备注信息（双击更改）	应用配置
8466710	text1	QscPnT8POdFG7yv7XyNCjop2klS	服务端		设置 删除

图 2.3-109 取得访问应用（AK）

步骤 4 如图 2.3-110 所示，可利用框中的工具进行地图的坐标拾取或者生成地图。这里利用坐标拾取器，根据输入运输公司的具体地址得到运输公司在地图上的坐标。

图 2.3-110　百度地图开放平台站点地图

步骤 5　进入 Web 开发下的 JavaScript API，找到地图展示，如图 2.3-111 所示，在中间的源代码编辑器中更改两个选项，一是替换上刚刚申请的 AK，二是用坐标拾取器获取的坐标替换原来百度地图默认的坐标，运行后可预览地图效果。

图 2.3-111　获取公司真实地图的设置

步骤 6　全选源代码编辑器中的代码，并右击复制，将代码粘贴到新的记事本文件中，并另存为 map.html 文件，如图 2.3-112 所示。

步骤 7　回到 Axure 软件的内联框架中，单击"选择框架目标"按钮，弹出"链接属性"对话框，在下面的"链接到 url 或文件"框中输入刚保存的 map.html 文件的绝对路径，如图 2.3-113 所示。

步骤 8　将网页生成 HTML 文件，这样才能正常预览地图。

4. 根据某服装品牌公司的要求，为该公司的三种设备端设计出响应式网页界面交互

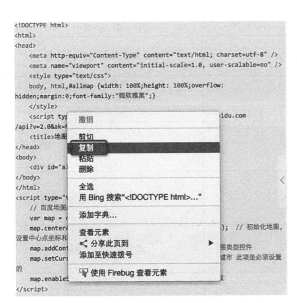

图 2.3-112　复制新生成的地图展示代码

图 2.3-113　编辑内联框架的目标文件

任务 4　使用 Axure 软件进行流程设计

学习目标

1. 能够使用 Axure 交互设计软件进行流程设计
2. 能够描述网站的层次结构

任务描述

一个产品设计之初，必先从流程图做起，流程图可以用来表达产品各式各样的流程。根据前面手绘的购物流程图，用 Axure 软件制作流程图。然后绘制每个页面的原型，添加交互，制作一个拥有优秀用户体验的购物网站。

知识学习与课堂练习

2.4.1　流程图组件

流程图由方块、菱形、平行四边形、箭头等符号组成，各个符号所表达的意义是不一样的，具体参见表 2.4-1。

表 2.4-1　流程图符号表

符　号	名　称	意　义
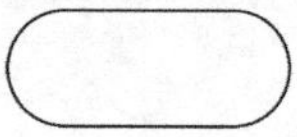 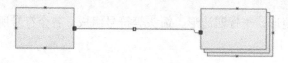 圆角矩形	开始（Start）或结束（End）	表示流程图的开始或者结束
 矩形	处理	具体的任务或工作
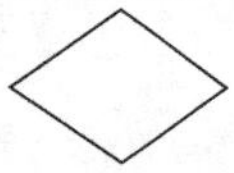 菱形	判断	表示决策或判断
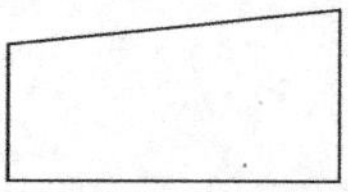 平行四边形变体	手动输入	通过计算机键盘手动输入数据
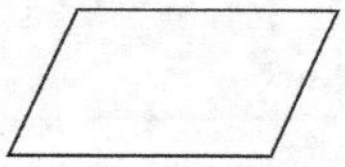 平行四边形	数据	数据输入/输出系统
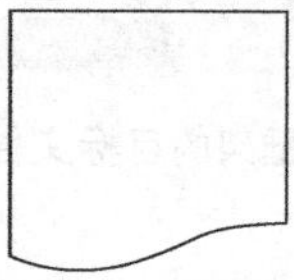 文件形	文件	输入或输出文件
 多文件形	多文件	输入或输出多个文件
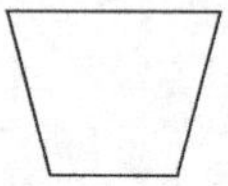 梯形	手动操作	需用户手动调整的任务
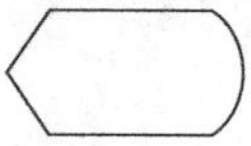 显示形	显示信息	在显示屏上显示信息
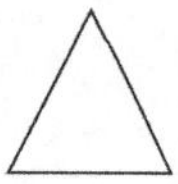 三角形	提取	提取信息及数据
 →实线箭头	实线箭头	代表任务或过程
----→虚线箭头	虚线箭头	代表可选任务或过程

　　流程图组件也可以直接从元件面板中拖拉出来，然后通过工具栏或快捷菜单来编辑样式与属性，如果要改变流程形状的话，可以通过单击鼠标右键并选择编辑流程形状子菜单中的项目来设置。

　　若要连接两个形状，需要先从软件左上角选择连接器模式，然后在形状的连接点部位用鼠标拖拽一条线将两个形状连接起来，如图 2.4-1 所示。

图 2.4-1　连接两个形状

若要修改连接线的样式，只需单击工具栏上的线条样式与箭头样式按钮即可选择需要的样式（粗细、虚实及连接箭头方向等），如图 2.4-2 所示。

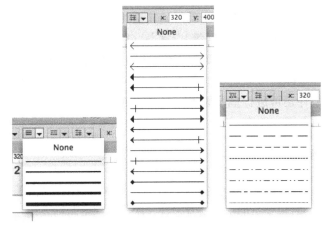

图 2.4-2　连接线的设置

课堂练习 1 流程设计

根据图 2.4-3 给出的模拟购买某个商品的特定流程图，以及之前设计的手绘 UI 草图，设计出网站购物流程。

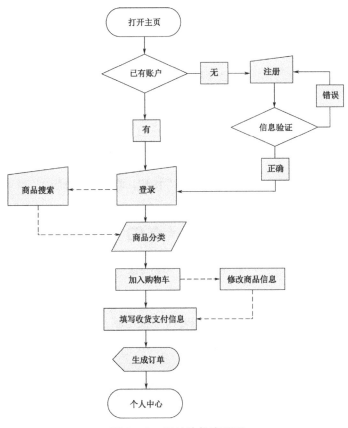

图 2.4-3　网站购物流程图

2.4.2 母版

在原型设计时有些部分会被多次使用,尤其是网站有多个页面的,基本上每个页面中的顶部(包含导航菜单、logo、功能区等)、底部(版权、页面地图、社交关注等)都是重复使用的。一般来说,我们会把多个页面中都相同的部分抽出来做成"母版",达到一次制作多处使用的目的,这样做可以避免很多重复的工作。

母版作为一个事件还可进行批量删除、批量添加,而且,当我们对母版进行编辑时,页面中的内容也会随之同步改变。

课堂练习2 绘制线框图

利用 Axure 软件为之前手绘的网站页面及子页面绘制出低保真线框图,然后根据图 2.4-3 所设计的购物流程图,对每个页面进行交互设计,制作出网站购物流程。

步骤1 打开原来创建好的企业网站页面结构文件,如图 2.4-4 所示。

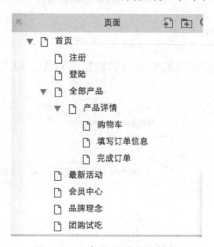

图 2.4-4 企业网站页面结构

步骤2 在"母版"面板中单击"添加母版"按钮,单击"新母版1"后重命名,如图 2.4-5 所示。

图 2.4-5 新建母版

步骤3 拖入相应的元件设计出自己需要的母版,如图 2.4-6 所示,注意因为要做响应式网站,企业网站的顶部母版也需要做成 PC、平板电脑及手机三端。

步骤4 在"母版"面板中选择刚刚新建的母版右击,在弹出的快捷菜单中选择"添加到页面中…"选项,如图 2.4-7 所示。

步骤5 在弹出的如图 2.4-8 所示的"添加母版到页面中"对话框中,选择要添加到的页面,设置母版添加到页面的位置,选择"页面中不包含此母版时才能添加",单击"确定"按钮即可。

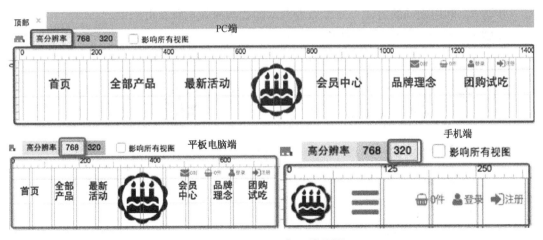

图 2.4-6 网页顶部三端母版

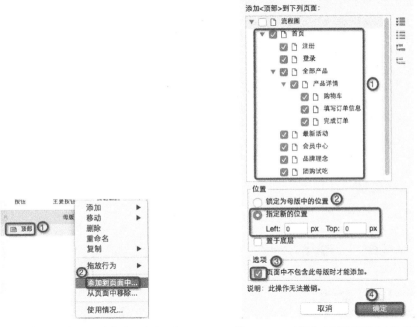

图 2.4-7 将 "顶部" 母版添加到页面中   图 2.4-8 "添加母版到页面中" 的设置

步骤 6 单击查看每个添加母版的页面，如图 2.4-9 所示。

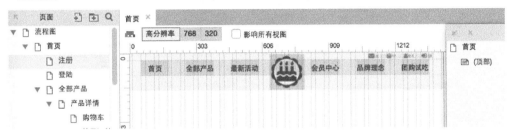

图 2.4-9 完成所有相同顶部母版页面的添加

步骤 **7**　利用相同的方法，添加企业网站的底部母版至所有页面中。

步骤 **8**　根据手绘流程图中各个页面的草图绘制首页的内容区。首页手机端效果如图 2.4-10 所示，平板电脑端效果如图 2.4-11 所示，PC 端效果如图 2.4-12 所示。

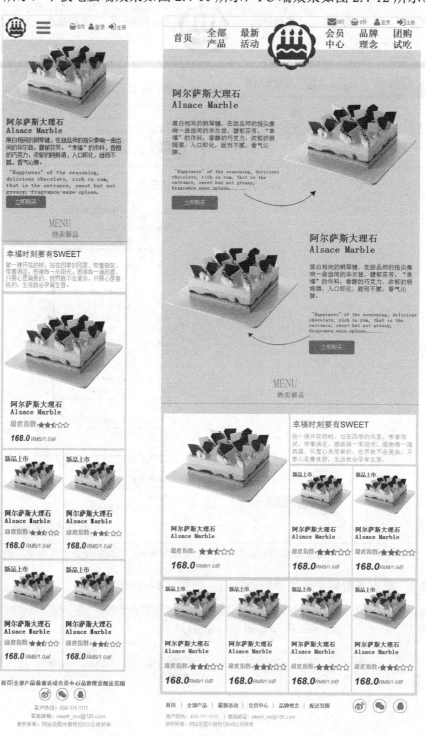

图 2.4-10　首页手机端效果　　　　　图 2.4-11　首页平板端效果图

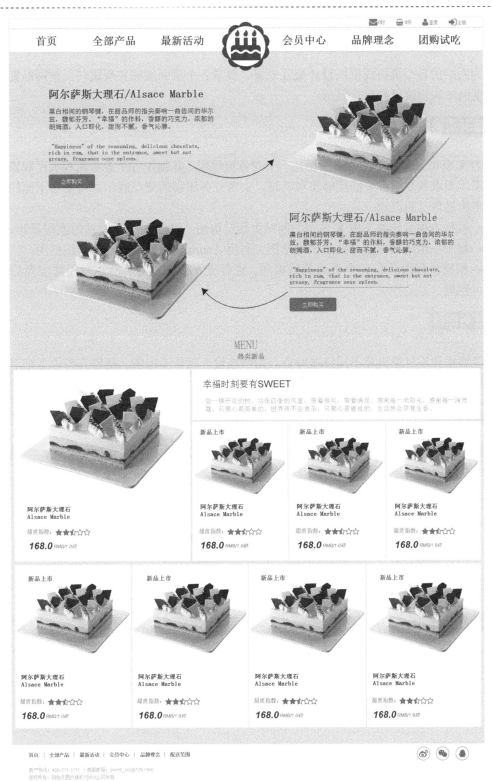

图 2.4-12　首页 PC 端效果图

步骤 9　根据图 1.2-2 中所示的页面结构草图，重复步骤 8 绘制各个页面的线框图。

为网站的各个页面线框图设计交互效果，要求各个页面能够实现跳转，使网站完善，能实现网站购物流程的交互展示。

任务实施

为 X 公司三端低保真效果图设计一个业务流程图，并制作各个业务流程页面和设计交互效果，要求各个业务页面能够实现跳转，实现业务流程的交互展示。可参考下面的一些分析来构思自己的设计。

- 根据本项目任务 1 中 X 公司的网站页面结构图，进行 X 公司网站的流程设计。
- 每个小组成员根据之前的手绘草图，利用 Axure 软件绘制出页面的线框图。
- 根据流程设计和各个页面的线框图，进行交互设计，使页面之间能够实现流程的跳转。

任务回顾

能够根据项目逻辑及不同终端特点，为网站设计制作流程图。能够完善原型细节，添加链接、交互，使原型更加符合客户期望。

任务拓展

根据某服装品牌公司的要求，为网站设计出购物流程中的各个页面及交互，实现购物流程的交互展示，要求与前面的交互有区别。

任务 5　发布原型设计作品

学习目标

1. 能够使用 Axure 软件查看原型。
2. 能够进行 Web 字体设置。
3. 能够发布原型到 AxShare 软件。
4. 能够进行移动设备设置。

任务描述

网站的原型设计与交互设计完成后，我们需要查看原型，Axure 软件通过发布网站的原型到浏览器测试用户体验效果，而移动设备通过 Axure Share 的 App 软件进行测试，这样可让设计者更好地看到原型及交互设计的最终效果再交付及演示给用户。

📇**知识学习与课堂练习**

2.5.1 快速预览查看原型

在原型设计中必不可少的就是查看原型，在做原型设计时，每完成一个元件/模块的设计后，设计者都需要先查看一下原型的效果，确保没有问题再进行下一元件/模块的设计。

预览原型的快捷键为<F5>（Windows 系统下），或者单击基本工具栏中的预览按钮进行预览，如图 2.5-1 所示。

图 2.5-1 快速预览查看原型

2.5.2 生成 HTML 文件查看原型

生成 HTML 文件查看原型时需要选择保存 HTML 文件的文件夹，如图 2.5-2 所示，在"常规"选项下，右侧文本框中填写文件夹的路径，若路径中没有该文件夹，系统会自动创建该文件夹。

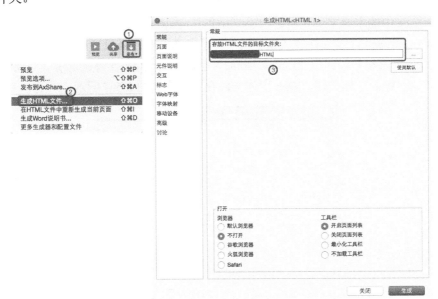

图 2.5-2 生成 HTML 文件

2.5.3 Web 字体设置

现在个性化的网站中，会使用一些特殊字体，若设备中没有安装该字体，则无法正常显示。Axure 软件的 Web 字体设置可以较好地解决这个问题。Web 字体的使用包含两种方式：链接 ".CSS" 文件和@font-face。因为链接 ".CSS" 文件需要网络及在线 CSS 文件支持才可以正常显示字体，故推荐用@font-face 的本地字体方式（如图 2.5-3 所示），这种方式不需要网络，只需要一句代码，并把该 Web 字体文件与 HMTL 文件一起打包即可正常显示 Web 字体。

图 2.5-3　Web 字体的 "@font-face" 本地字体方式设置

@font-face 中的本地字体代码是：font-family:fontawesome;src:url('fontawesome-webfont.ttf');format('true-type');。因为许多 Axure 软件初学者都没有网页设计的基础知识，所以这里提供了一段代码做参考。其中 "fontawesome" 是添加的 Web 字体的名称，"fontawesome-webfont.ttf" 是 Web 字体文件。Web 字体文件存放位置如图 2.5-4 所示。

图 2.5-4　Web 字体文件存放位置

2.5.4 移动设备设置

在上一个项目中曾提及启用"自适应视图"，包含了三端视图，除了在原型界面制作时按照标准尺寸进行设计外，还需要在生成 HTML 文件时对"移动设备"选项卡进行设置，设置如图 2.5-5 所示，在"包含视口标签"下，移动设备的"初始缩放倍数"为 1 倍，因为是测试文件，建议禁止用户缩放，需要把"允许用户缩放"值设为 no（blank 是空白时可进行缩放）。

图 2.5-5　移动设备设置

2.5.5 发布原型到 AxShare

随着智能手机和平板电脑的普遍化，网页趋向于移动优先，AxShare App 的发布使设计者可以把自己的原型上传到 Axure Share 的免费空间上，设计者和用户就可以在智能手机和平板电脑的 App 应用程序或浏览器中查看用 Axure 软件制作的交互原型。在 App 应用程序里还可以预先下载原型到设备中，这样加载速度更快，并且可以脱机演示。

上传原型到 Axure Share 的免费空间上，你必须拥有一个 Axshare 的账户（可免费注册并使用）。通过 Axshare 账号注册地址：https://share.axure.com/，可在浏览器中注册。除可以在浏览器注册外，也可通过 Axure 软件进行注册，如图 2.5-6 所示，可在基本工具栏中单击"登录"按钮，在如图 2.5-7 所示的"注册"项下填写正确的邮箱及密码，确定后出现如图 2.5-8 所示的登录成功界面，红色色块为用户名。

图 2.5-6　注册 AxShare 账户（单击"登录"按钮）

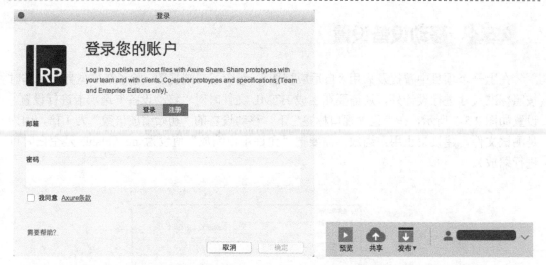

图 2.5-7　注册需要填写的信息　　　　　　　图 2.5-8　用户登录成功

　　登录成功后，可在"发布"按钮下选择"发布到 AxShare..."选项，设置如图 2.5-9
所示。

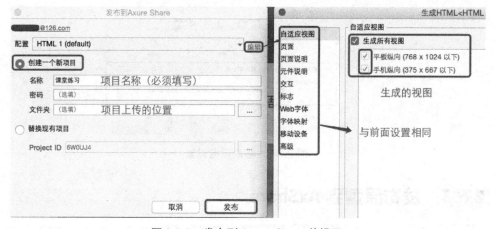

图 2.5-9　发布到 Axure Share 的设置

　　发布完成后，将会自动生成一个网址，如图 2.5-10 所示，可通过任何设备的浏览器访
问该网址查看原型。

图 2.5-10　发布完成

课堂练习1 快速查看 Sweet Cake 网站原型，要求能够通过浏览器的"响应式设计模式"查看三端的效果图

步骤 1 单击"预览"图标（以火狐浏览器为例），再单击浏览器右侧的"选项"→"开发者"→"响应式设计模式"，弹出如图 2.5-11 所示的"预设"选项卡。

步骤 2 输入 PC 端尺寸，网站页面效果如图 2.5-12 所示。

图 2.5-11 响应式设计模式
"预设"选项卡

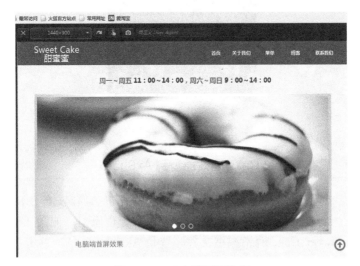

图 2.5-12 PC 端页面效果

步骤 3 与步骤 2 相似，输入平板电脑端尺寸，网站页面效果如图 2.5-13 所示。输入手机端尺寸，页面效果如图 2.5-14 所示。

图 2.5-13 平板电脑端页面效果

图 2.5-14　手机端页面效果

课堂练习 2　发布 Sweet Cake 网站原型到 AxShare

　　根据 Sweet Cake 网站原型的三端尺寸设置相应的发布选项，发布 Sweet Cake 网站原型到 AxShare，并在 Axure Share 免费平台中登录查看和管理原型。如图 2.5-15 所示。

　　步骤 1　打开 Sweet Cake 网站原型文件，登录 Axshare 账号，单击"发布"→"发布到 AxShare..."选项，弹出如图 2.5-15 所示的对话框。

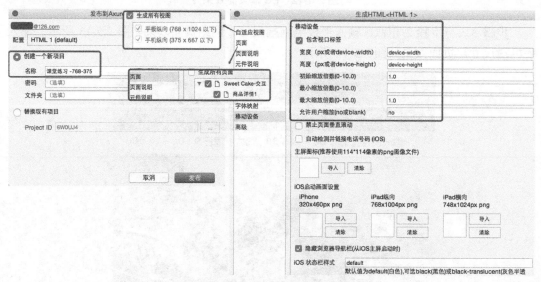

图 2.5-15　发布选项设置

　　步骤 2　打开 https://share.axure.com 网址，在"LOG IN"选项卡下进行"登录"，如图 2.5-16 所示。

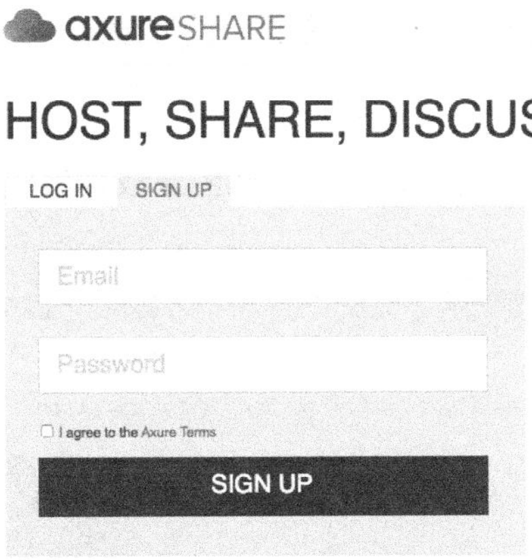

图 2.5-16　Axure Share 平台登录页面

步骤 3　登录成功后如图 2.5-17 所示，右上角显示用户"账号"，在页面中单击进入"My Projects"（我的项目）里。

图 2.5-17　登录成功

步骤 4　在如图 2.5-18 所示页面可对账号中的项目文件/文件夹进行查看/管理。框中即为发布时生成的网址，网址共享后可供用户进行查看。

图 2.5-18　页面中可进行项目管理

课堂练习3 通过浏览器访问网址查看原型设计效果

要求能够通过三端浏览器查看网页效果图并进行展示。

步骤1 在 PC 端的浏览器中打开发布到 AxShare 成功后生成的网址，效果如图 2.5-19 所示。

图 2.5-19　PC 端网页效果

步骤 2 在平板电脑端的浏览器中打开生成的网址，交互效果如图 2.5-20、图 2.5-21 所示。

图 2.5-20　平板电脑端交互效果 1

图 2.5-21　平板电脑端交互效果 2

步骤3 在手机端的浏览器中打开生成的网址，交互效果如图 2.5-22、图 2.5-23 所示。

图 2.5-22 手机端交互效果 1

图 2.5-23 手机端交互效果 2

课堂练习4 在移动设备中下载并安装 Axure Share App，登录 Axshare 账号查看原型交互设计效果

步骤1 在手机端下载并安装 Axure Share App，打开后界面如图 2.5-24 所示。输入账号及密码进行登录，登录成功后如图 2.5-25 所示。

图 2.5-24 Axure Share App 界面

图 2.5-25 登录成功界面

步骤 2 进入项目后可查看发布的原型,"My Projects"右上角有快捷菜单可以进行刷新及退出,界面如图 2.5-26 所示。点选"课堂练习"项目右侧的工具栏弹出如图 2.5-27 所示的菜单,有三个可选项:本地下载、在浏览器中打开、直接打开。

图 2.5-26 管理发布的项目   图 2.5-27 选择查看项目的方式

步骤 3 选择直接打开方式,通过图 2.5-28、图 2.5-29 可以看到 Sweet Cake 网站在手机端的最终交互效果。

图 2.5-28 手机端网页首屏交互效果   图 2.5-29 手机端商品展示交互效果

步骤 4 在平板电脑中重复步骤 1～3,可看到 Sweet Cake 网站在平板电脑端的最终交互效果，如图 2.5-30 所示。

图 2.5-30　平板电脑端的交互效果

任务实施

为 X 公司网站原型添加一个标志，发布网站原型，客户能通过浏览器访问特定的网址查看网站原型和交互效果，客户还可通过移动设备查看网站不同设备下的原型及交互效果。可参考下面的一些分析来构思自己的设计。

- 通过 Axure 软件快速查看 X 公司网站原型文件中是否已完成自适应视图的设计，三端页面效果图是否已完善。
- 将 X 公司网站原型发布到 AxShare 中，将生成网站原型的网址进行记录。
- 利用浏览器访问生成的网址，查看网站 PC 端原型交互设计效果，从而测试原型发布是否成功。
- 利用平板电脑、手机等移动设备系统自带的浏览器访问生成的网址，查看平板电脑端和手机端原型交互设计效果。
- 利用平板电脑、手机等移动设备中的 Axure Share App 软件登录已有的 Axshare 账号查看相应的原型交互设计效果。

同时把网站原型发布到 Axure Share 空间，然后把生成的网址发给客户查看原型，设计者要求在手机和平板电脑端下载 Axure Share App 及查看原型效果，并为客户展示三端的界面及交互效果。

任务回顾

能够利用不同的方式查看原型，并通过 Axure Share App 向客户展示原型交互效果，能真正看到网站在三端的界面交互效果。

任务拓展

发布某品牌服装公司的网站原型到 AxShare，并在移动设备中进行下载和展示，尝试把 320×480 像素的手机端原型放置到 360×640 像素的手机端时，应该如何设置移动设备？

项目三

●●●●●● **网页页面设计**

 项目简介

　　上一个项目介绍的 Axure 软件原型设计注重的是整个网页初步动态效果图的设计，所以是简略式、片面式、感受式的设计。

　　本项目介绍网页页面设计，是继页面原型设计后，将简单的感受式原型设计通过 Photoshop CS6 设计软件进行优化设计，并可进行整体、局部具体详细的调整，以提供更完善的网页页面平面设计图。

　　通俗点形容，Axure 软件原型设计是皮肤，而网页页面设计是肌肉。在 Photoshop CS6 软件上进行网页页面设计相当于是给皮肤下面添加肌肉，让整个设计更加饱满，有更加灵活的起伏及节奏感。

项目分析

　　网页中比较常见的构成板块有 logo、banner、导航栏、文本、图像、flash 动画。

　　而构成网页设计中这几大板块的基本单位包括点、线、面。点是最基本的元素，无数点的重复或移动构成线，无数线的重复或移动则构成面。页面中这些基本的点、线、面构成了三维的立体空间。在网页设计的时候，一定要学会观察这三个基本要素，对其有敏锐的观察和构造能力，并进行合理地组织利用，就可以得到非常优秀美观的页面。设计的时候一定谨记，点、线、面之间的关系是相对的，绝不是绝对的，从图 3.1-1～图 3.1-3 所示的各元素例图就可以看出。

　　（1）点元素的存在状态有规则的、不规则的、长的、短的……如图 3.1-1 所示。

　　（2）线元素的存在状态有直线的、虚线的、波浪线的……如图 3.1-2 所示。

圆点	不规则点	长点	方点

图 3.1-1　点元素例图　　　　　　　　　图 3.1-2　线元素例图

　　（3）面元素的存在状态有圆面、不规则面、长面、方面……如图 3.1-3 所示。

$\uparrow$ 点　　$\uparrow$ 圆面　　　　$\uparrow$ 不规则面　　　$\uparrow$ 长面　　　$\uparrow$ 方面

图 3.1-3　面元素例图

所以，此项目除了教会学生如何根据客户需求，结合网页页面三端各自的特点，设计出满足需求的优秀的 logo、banner、导航栏、文本、图像、flash 动画之外，最重要的是培养学生如何独立灵活地掌控制作一个优秀的网页页面所应当具备的良好的逻辑设计思维，以及如何轻松自如地协调众多板块之间的和谐共存。

能力目标

能够运用 Photoshop CS6 软件进行网页页面的元素设计。
能够运用 Photoshop CS6 软件对网页页面进行色彩搭配设计。
能够运用 Photoshop CS6 软件对网页页面进行图像的融合处理。

任务 1　移动端页面设计

学习目标

能够使用 Photoshop CS6 软件对移动端页面进行设计。以扁平化、图标化、贴片化的设计理念为主，并加以适当的色彩搭配。

任务描述

在上一个任务中，已经学会了网页（三端）页面原型设计，在本次任务中，我们要根据上个任务中学到的知识点，设计一个暖色基调的甜品店移动端网页页面（包括 logo、导航、banner、文本、图像的设计）。

知识学习与课堂练习

3.1.1　网页设计标准尺寸

网站随着网络的快速发展而迅速兴起，且因为人们的频繁使用而变得非常重要。企业需要通过网站呈现产品、服务、理念、文化，或向受众提供某种功能服务，因此网页设计必须首先明确设计站点的目的和用户的需求，从而做出切实可行的设计方案。

随着网络的发展及科技的进步，人与人的交际方式也日新月异，电子产品成了现今社会不可缺少的生活用品，尤其是带有通信功能、携带方便的电子产品。智能手机、平板电脑的出现，更是直接冲击着企业。在这个充满 WIFI 的世界，手机 App 应运而生，网页使设计的标准也迎来了新的要求。

移动端设备屏幕尺寸非常多，碎片化严重。尤其是 Android 手机，你会听到很多种分辨率：480×800，480×854，540×960，720×1280，1080×1920，还有传说中的 2K 屏。近年来 iPhone 手机的碎片化也加剧了：640×960，640×1136，750×1334，1242×2208。

课堂练习 1 查阅并记录主流手机屏幕分辨率及屏幕尺寸，完成表 3.1-1

表 3.1-1 主流手机屏幕分辨率及屏幕尺寸

屏 幕 尺 寸	屏幕分辨率	屏 幕 尺 寸	屏幕分辨率

不要被这些尺寸吓倒。实际上大部分 App 和移动端网页在各种尺寸的屏幕上都能正常显示。说明尺寸的问题一定有解决方法，而且有规律可循。

（1）像素密度。

屏幕是由很多像素点组成的。之前提到那么多种分辨率，都是手机屏幕的实际像素尺寸。比如 480×800 的屏幕，就是由 800 行、480 列的像素点组成的。每个点发出不同颜色的光，构成我们所看到的画面。而手机屏幕的物理尺寸和像素尺寸是不成比例的。最典型的例子，iPhone 3gs 的屏幕像素是 320×480，iPhone 4s 的屏幕像素是 640×960。刚好两倍，然而两款手机都是 3.5 英寸的。如图 3.1-4 所示为在两款手机真实屏幕尺寸查看下的网页效果图，左图的像素是 320×480，右图的是 640×960。

如图 3.1-5 所示是该效果图放大两倍后的对比图，可以看出右图无论从文字还是图片来说都比左图要清晰。所以，这里引入最重要的一个概念：像素密度，也就是 PPI（Pixels Per Inch）。像素密度越高，代表屏幕显示效果越精细。

图 3.1-4 两款手机端网页效果图

图 3.1-5　效果图放大两倍后的对比图

课堂练习 2　通过上面两个图片填写表 3.1-2

表 3.1-2　两款手机的屏幕尺寸及屏幕分辨率

型　号	屏　幕　尺　寸	屏幕分辨率
iPhone 3gs		
iPhone 4s		
iPhone 6		
iPhone 6 Plus		

（2）倍率与逻辑像素。

再用 iPhone 3gs 和 4s 手机来举例。如图 3.1-6 所示，分别以表 3.1-2 中的手机屏幕分辨率在 Photoshop 软件中新建画布，要求以相同的文字大小、图片大小创建同一网站的效果图，可以看出 3gs 上只能显示图片的一半，而文字要通过 5 行才能显示完全，4s 手机只需 3 行即可把文字全部显示完，而且图片可以全部显示。两款手机屏幕其实是一样大的，如果照这种方式显示，3gs 手机上刚刚好的效果图，在 4s 手机上就会小到根本看不清字。

图 3.1-6　在 Photoshop 软件以手机屏幕分辨率重建网页效果图

但在现实中，这两者效果却是一样的。这是因为 Retina（一种新型高分辨率的显示技术）屏幕把 2×2 个像素当 1 个像素使用，这样 4s 手机界面元素都变成 2 倍大小，效果就和 3gs 手机的一样了，但画质却更清晰。

【提问】网页制作中字体大小不用像素，而用 em。原因是什么？

由此可以看出，iPhone 手机以普通屏为基准，给 Retina 屏定义了一个 2 倍的倍率（iPhone 6plus 除外，它达到了 3 倍）。实际像素除以倍率，就得到逻辑像素尺寸。只要两个屏幕逻辑像素相同，它们的显示效果就是相同的。

课堂练习3 通过倍率与逻辑像素关系填写表 3.1-3

表 3.1-3　推算逻辑像素

型　　号	屏幕尺寸	屏幕分辨率	逻辑像素（推测）
iPhone 3gs			
iPhone 4s			

Android 手机的解决方法类似，但更复杂一些。因为 Android 手机的屏幕尺寸实在太多，分辨率高低跨度非常大，不像 iPhone 手机只有那么几款固定设备、固定尺寸。所以 Android 手机把各种设备的像素密度划成了好几个范围区间，给不同范围的设备定义了不同的倍率，来保证显示效果相近。

据统计，就目前市场状况而言，各种手机的分辨率可以这样粗略判断，虽然不全面，但至少在 1 年内都还有一定的参考意义。

- ldpi 如今已绝迹，不用考虑。
- mdpi [320×480]市场份额不足 5%，新手机不会有这种倍率，屏幕通常都特别小。
- hdpi [480×800、480×854、540×960]早年的低端机，屏幕在 3.5 英寸挡位；如今的低端机，屏幕在 4.7~5.0 英寸挡位。
- xhdpi [720×1280]早年的中端机，屏幕在 4.7~5.0 英寸挡位；如今的中低端机，屏幕在 5.0~5.5 英寸挡位。
- xxhdpi [1080×1920]早年的高端机，如今的中高端机，屏幕通常都在 5.0 英寸以上。
- xxxhdpi [1440×2560]极少数 2K 屏手机，比如 Google Nexus 6。

自然地，以 1 倍的 mdpi 作为基准，像素密度更高或者更低的设备，只需乘以相应的倍率，就能得到与基准倍率近似的显示效果。

不过需要注意的是，Android 设备的逻辑像素尺寸并不统一。比如两种常见的屏幕 480×800 和 1080×1920，它们分别属于 hdpi 和 xxhdpi。除以各自倍率 1.5 倍和 3 倍，得到逻辑像素为 320×533 和 360×640。很显然，后者更宽更高，能显示更多内容。所以，即使有倍率的存在，各种 Android 设备的显示效果仍然无法做到完全一致。

（3）单位。

注意真正决定显示效果的，是逻辑像素尺寸。为此，iOS 和 Android 平台都定义了各自的逻辑像素单位。iOS 的尺寸单位为 pt，Android 的尺寸单位为 dp。两者其实是一回事。

单位之间的换算关系随倍率变化：

- 1 倍　1pt=1dp=1px（mdpi、iPhone 3gs）
- 1.5 倍　1pt=1dp=1.5px（hdpi）

- 2 倍　1pt=1dp=2px（xhdpi、iPhone 4s/5/6）
- 3 倍　1pt=1dp=3px（xxhdpi、iPhone 6 plus）
- 4 倍　1pt=1dp=4px（xxxhdpi）

单位决定了我们的思考方式。在设计和开发过程中，应该尽量使用逻辑像素尺寸来思考界面。设计 Android 平台应用时，有的设计师喜欢把画布设为 1080×1920 像素，有的喜欢设成 720×1280 像素。设计出的界面元素尺寸就不统一了。

无论画布设成多大，我们设计的是基准倍率的界面样式，而且开发人员需要的单位都是逻辑像素。所以为了保证准确高效的沟通，双方都需要以逻辑像素尺寸来描述和理解界面。

要调节倍率，则通过图像大小里的 DPI 来控制。DPI 其实就是 PPI，像素密度。有个常识大家都知道，屏幕上的设计 DPI 设成 72（默认的行业标准），印刷品设计 DPI 设成 300（与人眼的分辨能力有关）。屏幕本身的分辨率是 72，DPI 设成 72 刚好是 1 倍尺寸，那设成 72 的两倍就是倍率为 2 的屏幕了，就这么简单。

下面来看看 2 个平台各自的画布设置。

① iPhone 手机。

iPhone 手机的屏幕尺寸（指逻辑像素尺寸）各不相同，如果想用一套设计涵盖所有 iPhone，就要选择逻辑像素折中的机型。

从市场占有率来看，原来最多的是 iPhone5/5s 手机屏幕，倍率为 2，逻辑像素为 320×568。然后是上升势头最猛的 iPhone 6 手机屏幕，倍率为 2，逻辑像素为 375×667。而现在的 iPhone 6 Plus 手机屏幕是 1080×1920 像素，可以参照 Android 手机，逻辑像素为 360×640，倍率为 3。两款 iPhone 手机屏幕尺寸如图 3.1-7 所示（iPhone 6 Plus 手机的屏幕尺寸参见图 3.1-8）。

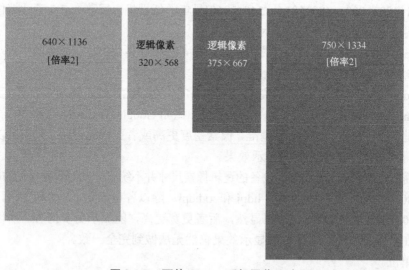

图 3.1-7　两款 iPhone 手机屏幕尺寸

② Android 手机。

都说 Android 手机碎片化严重，但它现在反而比 iOS 好处理。因为如今的 Android 手机屏幕逻辑像素已经趋于统一了（如图 3.1-8 所示）：360×640，就看你设成几倍了。想以

xhdpi 为准，就把 DPI 设成 72×2=144。想以 xxhdpi 为准，就把 DPI 设成 72×3=216。

几种常用Android手机屏幕尺寸

逻辑像素
360×640

540×960
[倍率1.5]

720×1280
[倍率2]

1080×1920
[倍率3]

图 3.1-8　几种常见 Android 手机屏幕尺寸

课堂练习4　通过图 3.1-7、3.1-8 填写表 3.1-4

表 3.1-4　主流手机逻辑像素汇总

型　号	逻辑像素	倍　率	屏幕分辨率
iPhone 5/5c/5s			
iPhone 6/6s			
Android			

【小测试】在 Photoshop 软件中无论以哪种屏幕分辨率来创建画布，在没有测试软件或设备时，都应以＿＿＿＿＿＿＿＿来查看该画布下手机端的显示效果。

3.1.2 排版构成

　　移动端网页页面的设计碍于其宽度尺寸（320 像素）的关系，在展示主要图片内容时，采用单张图片的展示方式。目的是为了更清楚、清晰、直接的展示页面的主要内容。如图 3.1-9、图 3.1-10 所示，很明显，前者让人看起来更不费劲，更容易接受。

图 3.1-9　例图

图 3.1-10　例图

其次是文字的字体、大小、颜色的选择。除了要满足信息的表达，也要符合整体的设计美感，是不是能够很和谐地融入整体设计中。正文文字的选择忌讳太小、花体、纯黑，目的也是为了信息的清晰表达。

至于为什么强调忌讳使用纯黑色，这是很多没学过美学的学生不理解的地方。不使用纯黑色是因为纯黑色是没有色彩倾向的一种颜色，黑色的色彩强度能够全面性的压制所有其他颜色，从而使黑色十分突出而显得格格不入。真正意义上的纯黑色会让人觉得不自然，就好比在漆黑的地方，什么都看不见会让人觉得很不舒服一样。现实生活中我们看到的黑色都不是纯黑色，而是深灰色。因为一般常见的可见光谱都是有色彩倾向的，可见光谱所带出来的光线很大程度上也会为物体附着一定的色调，所以深灰色是一种附着了色彩倾向的颜色。

如图 3.1-11 所示，在框架、颜色、字体选择都一样的情况下，左、中、右三种表现形式中，中间的舒适度显得更高。这里可以从构图视觉来分析一下出现这种情况的原因。左图中的文字尺寸太小，显得画面构图过于空荡，给画面造成一种无限缩小的错觉。如图 3.1-12 所示，中图的文字尺寸大小则刚好，不大也不小，给人一种稳定性，在视觉传达方面也很舒服。右图中的文字尺寸太大，从而显得画面过于饱满且滞塞，给人一种拥挤的压迫膨胀感，如图 3.1-13 所示。

如图 3.1-14 所示，在框架、颜色、字体大小选择都一样的情况下，左、右两种表现形式中，右边的正体文字易读性比较高，阅读起来舒适度也会更好。而花体字着重于设计感，从而失去了实用性，单独看比较好看，但是作为正文的字体使用却不提倡。由于过于花哨，堆积在一起会让人看起来比较费劲，从而失去阅读的兴趣。

大小	大小	大小

图 3.1-11　例图

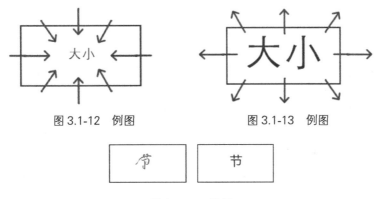

图 3.1-12　例图　　　　　　　　图 3.1-13　例图

图 3.1-14　图例

在框架、字体、字体大小选择都一样的情况下，如图 3.1-15 所示，颜色如果选用纯黑色（如框中所示数据），明暗对比过于强烈，视觉传达过于突出，影响页面设计的整体融合感。而如图 3.1-16 所示，颜色选用重灰色（如框中所示数据），既能稳住页面，也使页面有了美感与设计感，看起来舒适度更高。

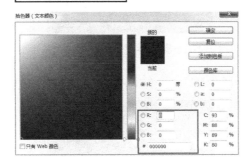

图 3.1-15　图例

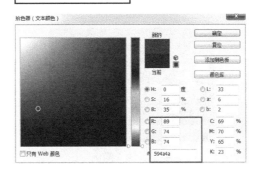

图 3.1-16　图例

3.1.3 色彩构成

最后是网页页面整体色彩基调的设定，它是影响艺术表现的重要因素之一。在网页设计的过程中，经验丰富的设计者会考虑网页设计有没有很好的凸显重点；色彩比例搭配是否合理，有没有影响基调的状态均衡；画面颜色融合度够不够高，有没有产生和谐美感等因素，将色彩进行排列组合，构建实用且充满设计感的网页。同时也会根据色彩给浏览者带来的心理影响，合理地与图形结合起来进行设计。特别像有的大公司有自己的企业形象识别系统，那设计者就更应该按照其中的主体基调进行色彩搭配，以免破坏企业的形象识别系统。

色彩的使用技巧如下。

（1）白色的底配黑色的文字是永恒的主题。

（2）网页中比较常用的流行色系如下。

● 蓝色系列（如图 3.1-17 所示）——给人宁静、清凉的舒适感，适合夏天。

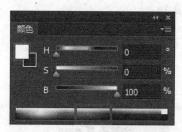

图 3.1-17　图例

● 绿色系列（如图 3.1-18 所示）——给人环保、干净、充满向上的生机感，适合春天。

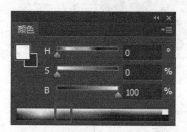

图 3.1-18　图例

● 橙色系列（如图 3.1-19 所示）——给人热情活泼又不失文雅感，适合秋天。

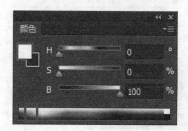

图 3.1-19　图例

● 暗红系列（如图 3.1-20 所示）——给人喜庆、庄重、高贵、不容轻视感。

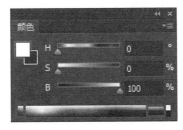

图 3.1-20　图例

（3）颜色的忌讳。

① 忌讳脏色——颜色有冲突，对比过于强烈，显得不干净。

② 忌讳纯色——饱和度太高的颜色给人带来的视觉效果过于刺激，看久了眼睛不舒服。

③ 忌讳跳色——颜色太抢眼，影响页面整体性，很容易会被单列出来成为个体。

④ 忌讳花色——颜色太多，主基调不突出，重点信息体现不出来。

⑤ 忌讳粉色——亮色太多，页面过于苍白，给人轻飘感。

⑥ 蓝色忌纯，绿色忌黄，红色忌艳。

（4）直接借助网络配色资源。

MACAW FOR WINDOWS（次世代网页设计工具）是一款非常实用的网页版颜色适配器插件，里面有各种已经筛选好并且比较舒适的同类色、邻近色、对比色，还有具体的颜色参数。如果想使用里面的颜色，直接把每个颜色的参数值输入色板即可，千万不要仅使用吸色器工具直接进行吸色，以避免出现色彩误差。

3.1.4　扁平化概念

所谓扁平化，单从字面上理解就是整体设计的平面化，不需要塑造出立体感。所以其核心思想是摒弃各种烦琐、冗余的装饰效果和交互，更多地在实用性上下功夫，使"设计目标"的原始本质凸显出来。与此同时，在元素的设计上，注重极简主义的符号化设计方向。

设计的扁平化，在手机系统上体现为简化按钮和各种选项。目的时为了简化页面，优化信息与事物的展示，使网页更加人性化，有效地减少客户的认知障碍。

扁平化的设计，在移动系统上不仅界面美观、简洁，还能达到降低功耗、延长待机时间和提高运算速度的效果。

扁平化的优点：时尚简约、突出主题、更容易设计。

扁平化的缺点：感情表达上不如拟物化设计，它过于冷冰，给人一种拒人于千里之外的感觉。

课堂练习5　Sweet Cake 甜品网站移动网页设计

由于是一个甜品美食网站，所以需要把整个网页的色彩基调定为暖色调。新建尺寸为320×6209 像素的文档，制作 Sweet Cake 甜品网站，效果如图 3.1-21 所示。

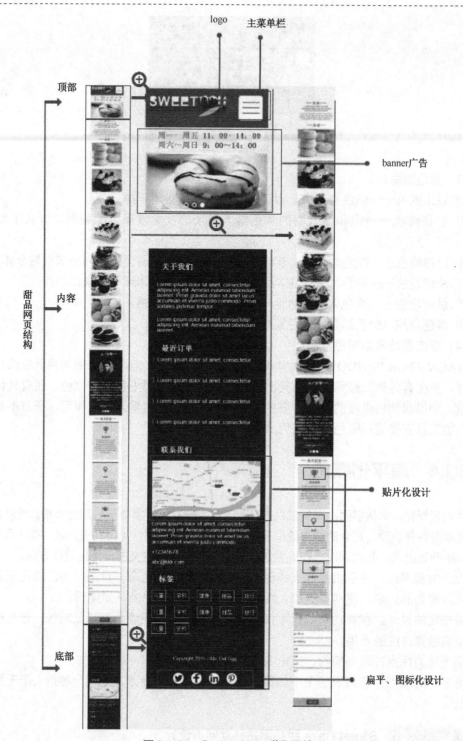

图 3.1-21　Sweet Cake 甜品网站

1. 顶部设计

顶部设计如图 3.1-22 所示，主要由 logo、主菜单导航栏、banner 广告三大板块构成。

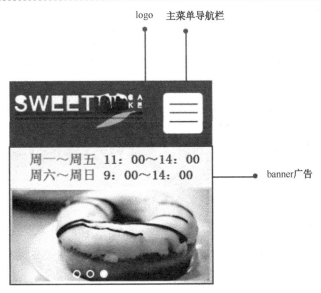

图 3.1-22　甜品网站顶部

（1）logo 设计，如图 3.1-23 所示。

图 3.1-23　logo 设计

制定设计理念。品牌名称+品牌形象，塑造出讨人喜欢的绿色安全甜品形象。

形状设计。块状紧凑形状，既体现了甜品的体块感，也给人一种整体感。整个 logo 由主形和辅形组成。

主形的主图标选用甜品店名——"Sweet Cake"的全称结合甜品、再镶嵌叶子的形象。如图 3.1-23 所示，SWEET 与 CAKE 采用了不同的排版方式，SWEET 大写、单行、横向排版，CAKE 则大写、双行、横向排版。这样可以从大小及连贯性的不一样上强调店名 SWEET甜蜜蜜的地位，降低 CAKE 的抢眼度。但是在设计时不能仅为了强调店名而忽视店的主题。所以加入一个蛋糕形象，既强化了 CAKE 这一主题，又打破了纯英文设计的单调性，增加了 logo 的趣味性。蛋糕采用了扁平化设计，简化的不规则身体、奶油、爱心草莓形象，既符合 logo 设计的易记原则，也能与英文字母名称和谐共存。为了使形象更贴近主题，英文字母的上半部分空洞处，采用白色进行填充，营造出整体的奶油覆盖感，使图文产生贯通性。嵌入飘动的叶子，增加了 logo 的流动感及灵动性。还有下方一粗一细的双画线设计，再次强化了设计的层次感。

辅形是一个简单的矩形，目的是归纳里面内容，凸显内部设计的简约而不"简单"。

● 色彩搭配。采用暖色与中性色相结合，营造出一种暖心感。

暖色为蛋糕的红色和背景的土黄色，中性色则为字母的白色和叶子的绿色。干净的白色符合甜点给人带来的舒适感。红色是为了给人热情感。绿色给人绿色安全食品的直观感受。而土黄色，则是为了在满足整体色调不被破坏的前提下，衬托出白色字体。

步骤 1 使用工具栏面板中的"矩形选框工具" ，绘制矩形选区并填充相对应的颜色。使用"文字工具" ，输入"SWEET CAKE"，并通过字符面板（如图 3.1-24 所示）调整其大小、字距与行距，效果如图 3.1-25 所示。

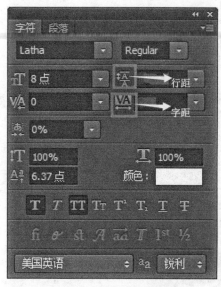

图 3.1-24 文字工具的设置　　　　　　　　　图 3.1-25 文字效果

步骤 2 选中工具栏面板中的"钢笔工具" 绘制 logo 中的蛋糕造型，按快捷键 <Ctrl+Enter>，将路径转换为选区。然后使用工具面板中的"油漆桶工具" ，选中相对应的颜色进行填充。绘制时，注意爱心草莓的造型要满足对称性。可先使用"钢笔工具" 绘制一半的造型（如图 3.1-26 所示）进行颜色填充，另一半用快捷键<Ctrl+J>进行复制，然后再用"自由变换"中的"水平翻转"命令进行拼合。效果如图 3.1-27 所示。

图 3.1-26 绘制形状　　　　　　图 3.1-27 logo 效果初图

步骤 3 选中工具栏面板中的"钢笔工具" 绘制叶子造型，按快捷键<Ctrl+Enter>，将路径转换为选区。然后使用工具面板中的"油漆桶工具" ，选中相对应的颜色进行填充。新建图层，移动到 logo 最下方，使用工具面板中的"矩形工具" 和"椭圆选框工具" 添加矩形横线和字母的空洞遮挡，然后使用工具面板中的"油漆桶工具" ，选中相对应的颜色进行填充。效果如图 3.1-23 所示。

注意

图文搭配时排版距离、大小的考究。

 思考："路径"与"选区"两者之间的有什么区别？各有什么优缺点？

（2）收拢型主菜单导航栏设计，如图 3.1-28 所示。

图 3.1-28　收拢型主菜单导航栏效果图

步骤 1　新建图层，使用工具面板中的"圆角矩形工具" ，调整半径大小，如图 3.1-29 所示，建立一个白色的圆角矩形，效果如图 3.1-30 所示。

图 3.1-29　圆角矩形的半径设置

图 3.1-30　圆角矩形

步骤 2　使用工具面板中的"矩形工具" ，选择"减去顶层形状"命令（如图 3.1-31 所示），绘制三个相同大小的矩形，效果如图 3.1-28 所示。

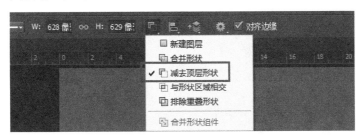

图 3.1-31　"减去顶层形状"命令

（3）banner 广告设计，如图 3.1-32 所示。

图 3.1-32　banner 广告效果图

步骤 1　导入图片素材，给该图片素材添加"混合选项"命令中的"描边"命令，填充类型选择为"渐变"，根据具体实际画面需求调整渐变效果，这里选择线性渐变。效果如图 3.1-33 所示。

图 3.1-33　图片的混合选项设置效果

步骤 2　使用工具面板中的"椭圆工具" ，按住"shift+鼠标左键"，绘制圆形的图片轮播工具，调整描边及填充，效果如图 3.1-34 所示。

图 3.1-34　轮播圆的设置效果

步骤 3　使用工具面板中的"横排文字工具" ，输入文字并进行排版设计，效果如图 3.1-32 所示。

2. 内容设计

（1）图片处理 1，效果如图 3.1-35 所示。

图 3.1-35　图片设计效果

步骤1 导入图片素材，在图层面板给图片添加"混合选项"中的"描边"命令（如图 3.1-36 所示）与"内投影"命令（如图 3.1-37 所示），调整后的效果如图 3.1-35 所示。

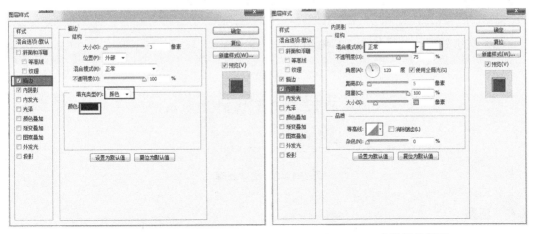

图 3.1-36　描边的设置　　　　　　　　　图 3.1-37　内投影的设置

步骤2 其他相同效果的图片均采用同样的方法进行处理。

（2）图片处理 2，效果如图 3.1-38 所示。

图 3.1-38　图片设计效果

步骤1 使用工具面板中的"椭圆选框工具" ，绘制出一个圆形，并随意填充一个前景色，然后给圆添加"混合选项"中的"描边"命令与"内投影"命令，效果如图 3.1-39 所示。

图 3.1-39　混合选项设置

步骤2 导入素材图片，将鼠标移到素材图片图层与步骤 1 中绘制的圆形的图层之间，按住<Alt+鼠标左键>，建立快速剪切蒙版，调整图片大小，效果如图 3.1-38 所示。

 思考："快速剪切蒙版"与"图层蒙版"两者的区别是什么？

（3）文字处理，效果如图 3.1-40 所示。

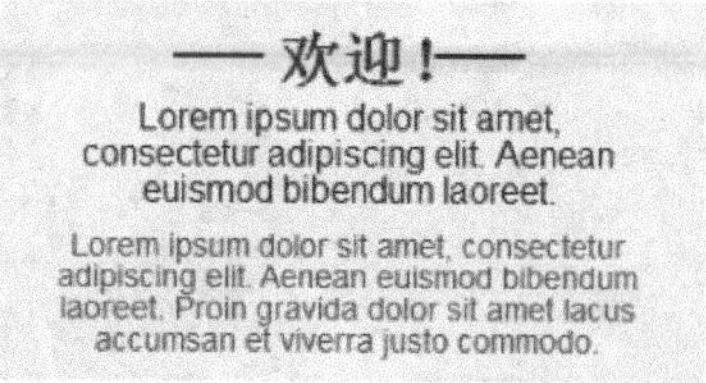

图 3.1-40　文字处理

注意

内容中涉及的文字排版，均使用工具面板中的"横排文字工具" T.，输入文字，并进行居中对称排版。

（4）图标设计，效果如图 3.1-41 所示。

图 3.1-41　图标设计效果

步骤 1 新建图层，纵向拉出一根标线，使用工具面板中的"矩形工具" ，以标线为轴，绘制出一个矩形，并填充颜色，效果如图 3.1-42 所示。

图 3.1-42 矩形工具使用

步骤 2 使用工具面板中的"椭圆工具" ，以标线为轴，绘制出一个椭圆形，并填充颜色，与矩形进行组合，效果如图 3.1-43 所示。

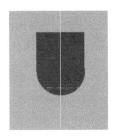

图 3.1-43 椭圆工具的使用

步骤 3 将步骤 1 中绘制的矩形形状复制两次，使用自由变换命令调整矩形的大小、方向及位置，效果如图 3.1-44 示。

图 3.1-44 自由变换命令的使用

步骤 4 将步骤 2 中绘制的椭圆形进行复制，调整大小摆放好位置，效果如图 3.1-45 所示。选择工具面板中的"矩形工具" ，并设定"路径操作"为"减去顶层形状"，删除椭圆的下半部分，效果如图 3.1-46 所示。

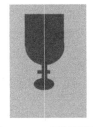 

图 3.1-45 复制椭圆　　　　图 3.1-46 减去顶层形状后效果

步骤 5　使用工具面板中的"圆角矩形工具" ，调整好圆角半径，绘制出一个小圆角矩形，调整位置与大小，效果如图 3.1-47 所示。

图 3.1-47　圆角矩形的调整

步骤 6　新建图层，使用工具面板中的"钢笔工具" ，绘制路径如图 3.1-48 所示，快速将路径转换成路径并进行颜色填充，效果如图 3.1-49 所示。

图 3.1-48　钢笔工具的使用　　　　　图 3.1-49　路径的填充

步骤 7　将上一步绘制的不规则图形图层移动到奖杯所有图层的最下面，复制该图层，并将复制的新图层的填充颜色改为白色，缩小并摆放好位置，快速载入该图层的选区，将该图层隐藏起来，选择回到复制前的图层，删除选区内容，效果如图 3.1-50 所示。将该图层执行复制与"自由变换"水平翻转命令，移动到奖杯的右边，摆放好位置，效果如图 3.1-51 所示。

图 3.1-50　图层的操作　　　　　图 3.1-51　自由变换的应用

步骤 8　选择工具面板中的"矩形工具" ，绘制一个填充颜色为白色的矩形，效果如图 3.1-52 所示。

图 3.1-52　矩形工具的填充

步骤 9　使用同样的方法绘制出地图图标及店铺菜单图标。

　思考： 奖杯、地图图标及店铺菜单图标都选用了什么样的设计方法？

3. 底部设计，效果如图 3.1-53 所示

图 3.1-53　底部效果图

📢 **注意**

　　本板块中，文字排版采用了与内容板块截然不同的左对齐来进行排版，背景色也进行了加深处理，给人一种沉淀、稳重感。这里也采用了大量的贴片化（如图 3.1-54 所示）、图标化和扁平化设计（如图 3.1-55 框中所示）。

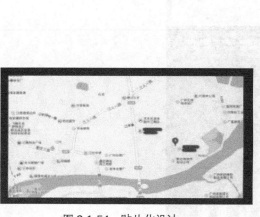

图 3.1-54　贴片化设计　　　　　　　　　　图 3.1-55　图标化和扁平化设计

思考: 底部大量使用扁平化、图标化、贴片化设计的作用和目的是什么?

任务实施

根据课堂练习中提到的内容来完成大卡车移动端网站的设计。构图如图 3.1-56 所示,最终效果如图 3.1-57 所示。

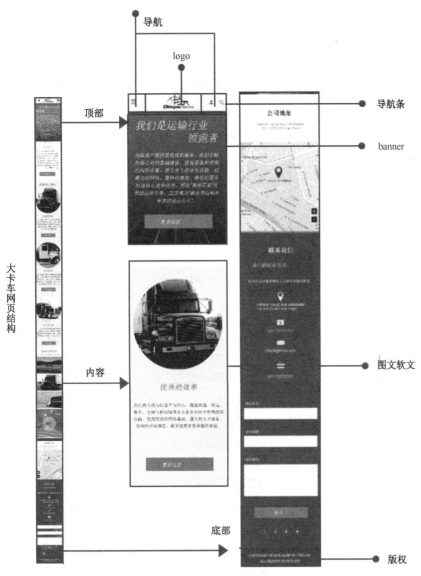

图 3.1-56 大卡车移动端网站的布局

图 3.1-57　大卡车移动端网站的最终效果图

注意

（1）先设定网站的色彩基调及色彩搭配。知道根据什么来选定网站的色彩基调！
（2）多斟酌内容列数的排版方式。
（3）扁平化、图标化、贴片化设计的使用方式及针对目标。
（4）图片的载入同样使用"快速剪切蒙版"命令来进行操作。
（5）文字的排版多在字距、行距上进行斟酌。

任务回顾

能够根据企业所属行业的性质，在充满设计美感的前提下，设计出既符合公司文化理念又满足浏览者需求的移动端网页页面。

任务拓展

美国知名服装品牌 Nautica 为了顺应移动互联网时代的购物需求，需要对其原有主页进行重新设计，logo 和色彩基调沿用之前的，根据以上的信息设计移动端网页页面。

● 网页页面重新设计构思方案的制定。

整个页面以给人清新、凉爽的视觉感受为设计主线，将原有网页单一的蓝色基调延伸为两块：蓝色的天空，作为整个网页顶部的色彩设计；无暇、透明、安静的大海，作为网页中部及底部的色彩设计，使网页中部的设计能够"海纳百川"。这样的版面构成会让整个设计更有画面感与故事性，让客户在浏览网页的时候，仿佛置身于晴朗天气，面朝大海，尽情地享受着大自然给予我们的一切美好。

1．网页尺幅的制定

建立标准移动端网页尺寸，尺寸为 320×5160 像素、分辨率为 300 像素的文档。

2．制定网页页面色彩基调

由于该品牌已经有了一套 VI 系统，不能改变该网页原有的色彩基调，所以将色彩基调定为蓝色的冷色调。

3．顶部设计

顶部设计包括 logo、banner 广告、搜索栏、购物车、导航栏。

（1）logo 设计（如图 3.1-58 所示）。

步骤 导入素材 3.1.1（请登录华信教育资源网下载本书提供的配套素材库并查找相应的素材），使用选区工具将原有 logo 抠图，调整颜色为白色。

NAUTICA

图 3.1-58 logo 的设计

（2）banner 广告设计（如图 3.1-59 所示）。

图 3.1-59　banner 广告面板效果图

步骤 1　使用工具栏面板中的"渐变工具" 与"矩形选框工具" 绘制 banner 广告面板的渐变背景色。然后使用工具面板中的"多边形套索工具" 与"加深工具" ，添加颜色深浅不一的不规则几何分割，丰富背景的设计，如图 3.1-60 所示。

图 3.1-60　背景渐变填充

步骤 2　调出"工具预设"面板，将笔刷预设素材载入"工具预设"面板，在工具栏面板的"画笔工具"中选用工具预设里的指定笔刷（如图 3.1-61 所示）绘制出云层效果，如图 3.1-62 所示。

图 3.1-61　云层绘制笔刷名称

步骤 3　设计 SUMMER 这个英文单词，先把字母 S 单独拆分出来进行放大设计，使用工具面板中的"横排文字工具" 输入灰色的字母 S，在图层面板将字母转换成形状，使用工具面板中的"直接调整工具" 调整字母 S 的路径，接着把调整好的字母 S 栅格化，使用工具面板中的"橡皮擦工具" 对字母进行切割，最后添加描边、调整图层透明度，效果如图 3.1-63 所示。

图 3.1-62 云层效果图

图 3.1-63 字母 S 设计效果图

　　步骤 4　导入素材 3.1.2，使用"快速剪切蒙版"命令，使素材快速剪切至字母 S 里，调整素材 3.1.2 所在图层为"正片叠底"模式，让简单的字母看起来轮廓简单而内容却不简单，效果如图 3.1-64 所示。

图 3.1-64 素材 3.1.2 剪切效果

　　步骤 5　使用工具面板中的"横排文字工具" T.输入字母 UMMER，添加描边，用"自由变换"命令调整字母的旋转角度,并镶嵌进字母 S 中,效果如图 3.1-65 所示。

图 3.1-65   字母 UMMER 描边效果

步骤 6   使用工具面板中的"钢笔工具" 围绕字母 S 的左右两边绘制两条曲线路径,结合工具面板中的"画笔工具"给绘制的曲线路径执行"描边路径"命令,使整个字母设计的质感得到质的提升,效果如图 3.1-66 所示。

图 3.1-66   路径描边效果

注意

用"画笔工具"进行路径描边时,需要事先设置好用什么性质的笔刷、颜色和大小。

思考:在哪里可以实现用"画笔工具"执行"描边路径"命令?

步骤 7   使用工具面板中的"横排文字工具" 添加英文广告语,对广告词进行排版,调整好字母的大小、行距、字距。导入素材 3.1.1,绘制翻页方向示意虚拟键。最终效果如图 3.1-67 所示。

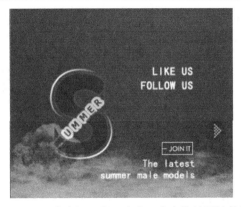

图 3.1-67　广告语及翻页方向示意虚拟键设计效果

步骤 8　到"滤镜"菜单栏执行"镜头光晕"命令，增加整个设计的明亮感，效果如图 3.1-68 所示。

图 3.1-68　添加"镜头光晕"效果

注意

最后这一步，肯定会有很多读者添加不出来图示的"镜头光晕"效果，或者根本就添加不了"镜头光晕"。这是为什么？

（3）搜索栏设计（如图 3.1-69 所示）。

图 3.1-69　搜索栏设计

步骤 1　使用工具面板中的"矩形工具"或者"矩形选框工具"绘制搜索栏背景色块，效果如图 3.1-70 所示。

图 3.1-70　绘制搜索栏背景色块

步骤2 使用工具面板中的"横排文字工具"，分别在左右两个矩形框中添加英文文字与图标字体（FontAwesome），调整好文字的字体、间距，效果如图 3.1-71 所示。

SEARCH NAUTICA.COM

图 3.1-71 搜索栏文字添加

 注意

图标字体就是一种类似于图案 UI 之类的图标字体，又类似于象形字体。所以现在经常借助这样的字体，既方便又快捷。

下面详细介绍如何将网络上已有的免费 UI 图标添加为常用图标。例如，FontAwesome，如图 3.1-72 所示。

meanpath	medium	meetup	mixcloud
modx	odnoklassniki	odnoklassniki-square	opencart
openid	opera	optin-monster	pagelines
paypal	pied-piper	pied-piper-alt	pied-piper-pp
pinterest	pinterest-p	pinterest-square	product-hunt
qq	quora	ra (alias)	ravelry
rebel	reddit	reddit-alien	reddit-square
renren	resistance (alias)	safari	scribd
sellsy	share-alt	share-alt-square	shirtsinbulk
simplybuilt	skyatlas	skype	slack
slideshare	snapchat	snapchat-ghost	snapchat-square
soundcloud	spotify	stack-exchange	stack-overflow
steam	steam-square	stumbleupon	stumbleupon-circle
superpowers	telegram	tencent-weibo	themeisle
trello	tripadvisor	tumblr	tumblr-square
twitch	twitter	twitter-square	usb
viacoin	viadeo	viadeo-square	vimeo
vimeo-square	vine	vk	wechat (alias)
weibo	weixin	whatsapp	wikipedia-w
windows	wordpress	wpbeginner	wpexplorer
wpforms	xing	xing-square	y-combinator
y-combinator-square (alias)	yahoo	yc (alias)	yc-square (alias)
yelp	yoast	youtube	youtube-play
youtube-square			

图 3.1-72 FontAwesome 文字

FontAwesome 是一套免费而且好用的 Web 图标字体，包含多达 675 个图标，并还在不断的更新增加中，内容涵盖网页、辅助功能、手势、运输、性别、指示方向、图表、支付、文件类型、旋转、表单、货币、文本编辑、视频播放、医疗、标志共 16 大类。只要在 CSS 引入 icon 图标字体文件，就可以直接通过 class 类标签生成一个图标，而且是免费可用的。下面介绍如何直接在 Photoshop 软件上使用 FontAwesome 字体。

第一步，下载 FontAwesome 字体。

官方下载地址为 http://fortawesome.github.io/Font-Awesome。下载后，将 TTF 文件（如图 3.1-73 所示）安装到系统的字体目录中。

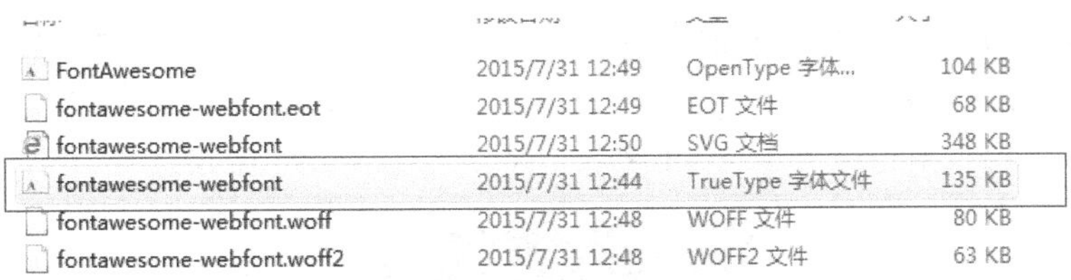

FontAwesome	2015/7/31 12:49	OpenType 字体...	104 KB
fontawesome-webfont.eot	2015/7/31 12:49	EOT 文件	68 KB
fontawesome-webfont	2015/7/31 12:50	SVG 文档	348 KB
fontawesome-webfont	2015/7/31 12:44	TrueType 字体文件	135 KB
fontawesome-webfont.woff	2015/7/31 12:48	WOFF 文件	80 KB
fontawesome-webfont.woff2	2015/7/31 12:48	WOFF 2 文件	63 KB

图 3.1-73　FontAwesome TTF 文件

第二步，在 Photoshop 软件上使用 FontAwesome 图标字体。打开 Cheatsheet 页面 http://fontawesome.io/cheatsheet/选中你所需要的图标进行复制，如图 3.1-74 所示。

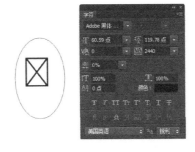

图 3.1-74　复制 FontAwesome 图标

第三步，打开 Photoshop 软件，确保在文字输入状态下，将复制的内容粘贴上去即可。若如图 3.1-75 所示，只需将字体修改为 FontAwesome 就可以了，如图 3.1-76 所示。

图 3.1-75　FontAwesome 粘贴效果

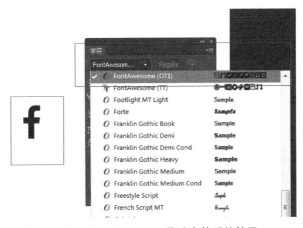

图 3.1-76　FontAwesome 修改字体后的效果

可能有些读者会说:"我们用的都是彩色的,不是黑白的,网页里面复制的内容都是黑白的。"别着急,FontAwesome 既然是字体,那么,直接在"字符"面板中改变 FontAwesome 字体的颜色就可以得到想要的"主页 UI 图标"了,如图 3.1-77 所示。。

图 3.1-77　改字体颜色示图

(4)购物车设计(如图 3.1-78 所示)。

图 3.1-78　购物车设计

步骤 1　使用工具面板中的"矩形选框工具" ▣,绘制矩形并填充浅红色,选用移动工具,按住<Alt 键+鼠标左键>快速复制出另一个矩形,效果如图 3.1-79 所示。

图 3.1-79　线条设计

步骤 2　使用工具面板中的"横排文字工具" T,添加购物车状的开源字体,效果如图 3.1-80 所示。

图 3.1-80　添加购物车开源字体

(5)导航栏设计(如图 3.1-81 所示)。

步骤 1　使用工具面板中的"椭圆工具" ◯,在设置面板设置好填充颜色与描边颜色(如图 3.1-82 所示),绘制圆形,效果如图 3.1-83 所示。

步骤 2　使用工具面板中的"横排文字工具" T,添加导航栏图标名称及 FontAwesome 字体,效果如图 3.1-84 所示。

图 3.1-81　导航栏设计

图 3.1-82　椭圆工具设置面板

图 3.1-83　圆形绘制

HOME

图 3.1-84　导航栏 UI 图标

注意

　　由于是图标式的字体，所以具有暗示性含义。因此在添加 FontAwesome 字体时候，一定要选择与我们常见文字所表达意思一致的图标字体，不要出现图文不匹配这种低级的设计意图传达错误。

　　步骤 3　将做好的 UI 图标图层进行编组，并选中该组，将工具切换到工具面板中的"移动工具" ，按住<Alt 键+鼠标左键>，进行拖动，快速复制出 7 组副本，分别调整其内容，并进行排版，得到另外 7 个导航栏 UI 图标，如图 3.1-85 所示。

图 3.1-85　导航栏效果图

注意

设计移动端网页导航栏的时候，最好就是将内容以图标的形式进行设计。主要原因如下。

① 现代人的阅读方式已经发生了变化。出现了惰性阅读，更偏向于阅读图案类的内容，不喜欢花太多时间去了解需要花费过多时间思考才能领会的表达内容。

② 移动端网页显示器尺寸的限制。在有限的显示尺寸里，图标与文字对比，内容传达效果更强，吸睛度更高。

③ 势不可挡的扁平化设计的流行趋势。

4．中部设计：侧导航栏、企业文化、产品发布

（1）侧导航栏设计（如图 3.1-86 所示）。

步骤 1 使用工具面板中的“横排文字工具”，添加侧导航栏文字内容，并进行排版，效果如图 3.1-87 所示。

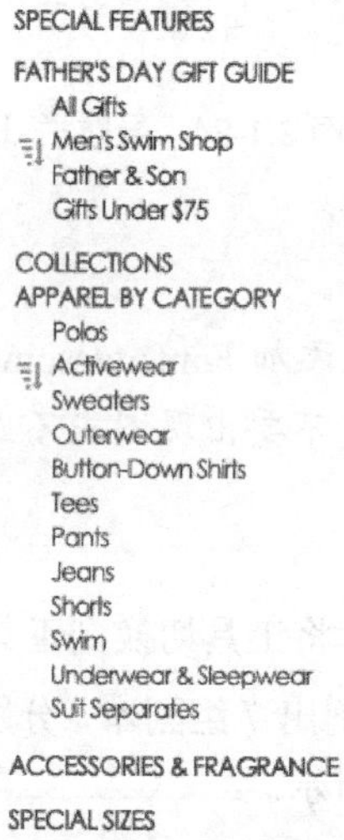

SPECIAL FEATURES
FATHER'S DAY GIFT GUIDE
All Gifts
Men's Swim Shop
Father & Son
Gifts Under $75
COLLECTIONS
APPAREL BY CATEGORY
Polos
Activewear
Sweaters
Outerwear
Button-Down Shirts
Tees
Pants
Jeans
Shorts
Swim
Underwear & Sleepwear
Suit Separates
ACCESSORIES & FRAGRANCE
SPECIAL SIZES

图 3.1-86 侧导航栏排版设计

SPECIAL FEATURES
FATHER'S DAY GIFT GUIDE
All Gifts
Men's Swim Shop
Father & Son
Gifts Under $75
COLLECTIONS
APPAREL BY CATEGORY
Polos
Activewear
Sweaters
Outerwear
Button-Down Shirts
Tees
Pants
Jeans
Shorts
Swim
Underwear & Sleepwear
Suit Separates
ACCESSORIES & FRAGRANCE
SPECIAL SIZES

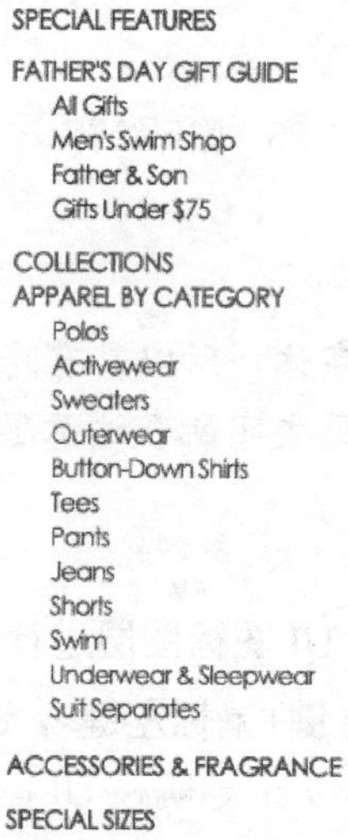

图 3.1-87 侧导航栏文字排版

注意

① 侧导航栏设计时需要兼顾安静与养眼双重用户使用体验。

② 侧导航栏的主要表现形式有抽屉式、隐藏式、固定式三种。

③ 侧导航栏的版式布局一般都是以简单为主，分别有左导航和右导航。一般以左导航居多，更适合用户习惯。

④ 使用的色彩要与网页整体相协调，尽量不要使用过于鲜亮的颜色。虽然导航应设计得比较显眼，但是，如果仅通过改变颜色来凸显侧导航栏的显眼度，这并不是最好的方法，应该通过排版、字体、形式等方式达到目的。

步骤 2 使用工具面板中的"横排文字工具" ，添加 FontAwesome 字体，并添加描边与外发光特效，效果如图 3.1-88 所示。

图 3.1-88 侧导航栏添加 FontAwesome 字体

（2）企业文化设计（如图 3.1-89 所示）。

图 3.1-89 企业文化设计

步骤 1 使用工具面板中的"矩形选框工具"，建立两个矩形选区，分别填充蓝色与紫色，使用快速复制方式，复制多个紫色与蓝色色块并进行拼接，效果如图 3.1-90 所示。

步骤 2 对色块拼接图层进行编组，使用"自由变换"命令将编组逆时针旋转 45 度，并进行色块调整，效果如图 3.1-91 所示。

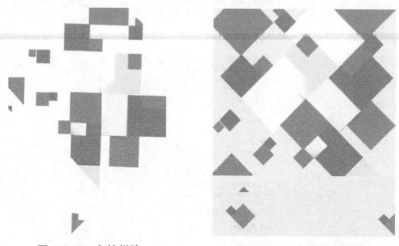

图 3.1-90 色块拼接   图 3.1-91 色块拼接调整

步骤 3 导入图片素材 3.1.3、3.1.4，使用"快速剪切蒙版"命令将素材快速剪切至目标矩形中，使用工具面板中的"橡皮擦工具"，虚化图片素材的边缘，效果如图 3.1-92 所示。

步骤 4 使用工具面板中的"横排文字工具"，添加常规字体与 FontAwesome 字体，并添加以紫色到黑色的渐变叠加特效，效果如图 3.1-93 所示。

图 3.1-92 图片导入并虚化边缘   图 3.1-93 文字添加 1

步骤 5 使用工具面板中的"矩形选框工具"建立矩形，并进行白色到浅紫色的渐变色填充，使用工具面板中的"横排文字工具"，添加文字并进行排版，效果如图 3.1-94 所示。

步骤 6 使用工具面板中的"矩形选框工具"与"椭圆工具"绘制 UI 图标，效果如图 3.1-95 所示。

图 3.1-94　文字添加 2

图 3.1-95　UI 图标绘制

 注意

段落排版注意事项

① 字体不要选取太多样式。一般情况下，设计师在设计平面文字排版时不会选用超过三种字体样式，而在 App 中则更须注意，一般选用一种就够了。选取过多的样式会破坏整体的页面布局（如图 3.1-96 所示），扰乱用户拾取主要信息的准确性。

② 尽量使用常见的标准字体。不要使用罕见的字体，避免视觉疲劳，如图 3.1-97 所示。

③ 手机移动端，一般英文排版字数为每行 30~40 个。

④ 行间距与字间距要合理。英文的行间距一般是字符高度的 3/10，段落间的距离可以比行间距提高 1/5，字间距则为行间距的 1/4，这样的设置可以确保良好的阅读可持续性。过大的行间距会使内容不紧凑，视觉换行有脱离感，如图 3.1-98 所示。过小的行间距会使内容交织相错，很容易读串行，如图 3.1-99 所示。适度的行间距才能使段落松紧得当，点、线、面的构成得到很好的体现，如图 3.1-100 所示。过大的字间距会使单词松散，阅读费劲，如图 3.1-101 所示。

图 3.1-96　字体样式使用过渡

图 3.1-97　罕见字体样式使用

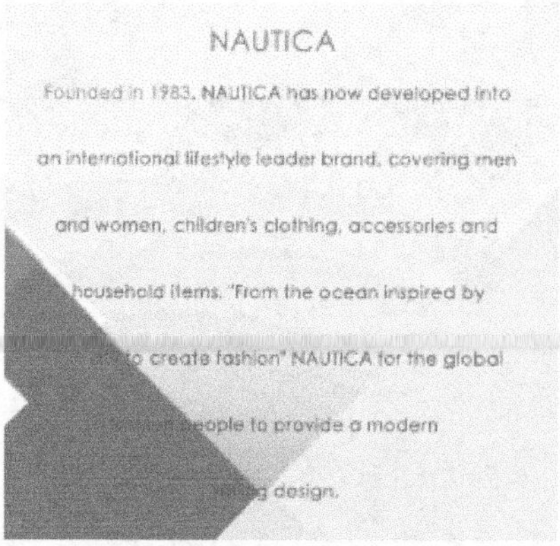

图 3.1-98　过大的行间距 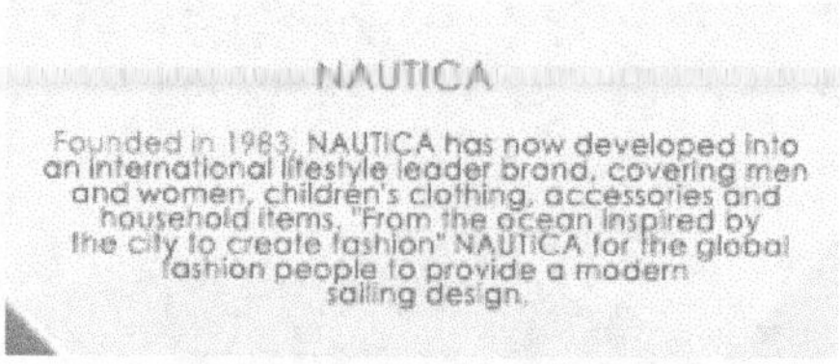　　　　　　　　3.1-99　过小的行间距

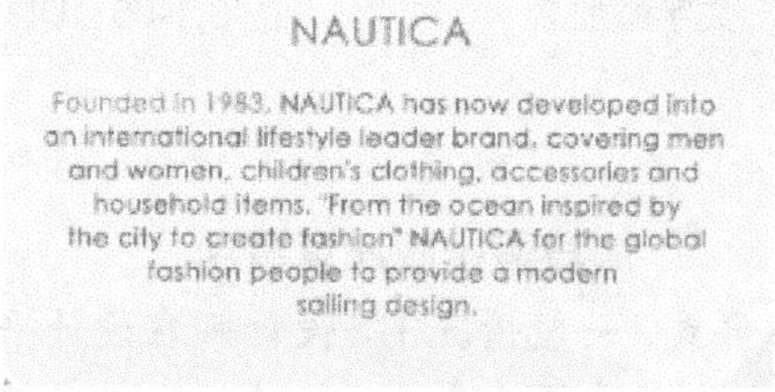

图 3.1-100　适度的行间距

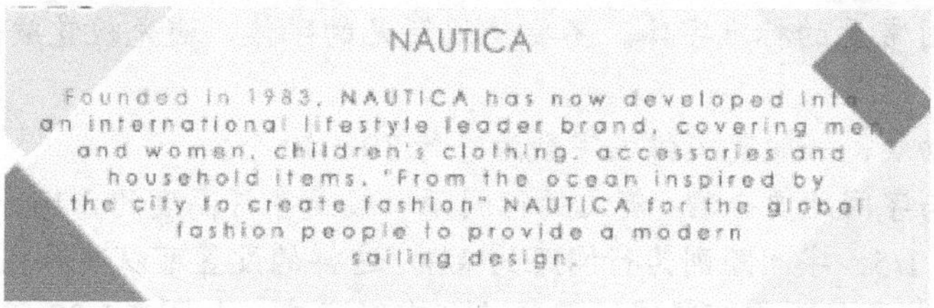

图 3.1-101　过大的字间距

（3）产品发布设计（如图 3.1-102 所示）。

步骤 1　导入图片素材 3.1.5，使用"自由变换"命令调整图片素材的大小与位置，再给图片素材图层添加"图层蒙版"，使用黑白渐变从上往下填充图层蒙版，效果如图 3.1-103 所示。

步骤 2　使用工具面板中的"横排文字工具" T.，添加文字并进行调整，使用"矩形工具" █ 绘制紫蓝色矩形，置于"Watch the fashion show video"文字底下的图层，效果如图 3.1-104 所示。

步骤 3　使用工具面板中的"矩形工具" █ 绘制蓝色矩形，导入素材 3.1.6 并调整大小，镶嵌进矩形框内。使用工具面板中的"横排文字工具" T.，添加 FontAwesome 字体，并给字体添加白色描边与白色外发光效果，如图 3.1-105 所示。

步骤 4　同样使用工具面板中的"横排文字工具" T.，添加文字并进行调整，效果如图 3.1-106 所示。使用工具面板中的"椭圆工具" ◯ 绘制两个黑色的圆形，添加到"LOOKS"图层上面，效果如图 3.1-107 所示。

图 3.1-102　产品发布设计

图 3.1-103　背景图绘制

图 3.1-104　视频文字排版

图 3.1-105　产品视频介绍

图 3.1-106 产品推销文 1　　　　　　　　　图 3.1-107 产品推销文 2

 思考：

　　① 按住<shift>键画圆与同时按住<shift+Alt>组合键画圆，这两者有什么区别？

　　② 在 "LOOKS" 图层上添加两个黑色的圆有何用意？

　　步骤 5　使用工具面板中的"矩形工具" ▇ 绘制一个矩形，将填充调整为 0%，添加内发光效果，如图 3.1-108 所示。

 思考： 为什么步骤 5 中要求调低填充而不是透明度，两者在本质上有什么区别？

　　步骤 6　导入图片素材 3.1.7～3.1.10，并进行大小位置排版，效果如图 3.1-109 所示。

图 3.1-108　矩形框绘制　　　　　　　图 3.1-109　图片素材导入

　　步骤 7　使用工具面板中的"横排文字工具" ▇，添加 FontAwesome 字体，效果如图 3.1-110 所示。

　　步骤 8　用同样的方法设计其他产品陈列，效果如图 3.1-111 所示。

　　步骤 9　使用工具面板中的"椭圆工具" ▇，绘制紫蓝色圆形，调低该形状的填充百分比，将圆形添加白色内发光特效，如图 3.1-112 所示。使用工具面板中的"横排文字工具" ▇，添加橙色文字 "NEW"，并添加黄色外发光与投影，效果如图 3.1-113 所示。

　　步骤 10　使用工具面板中的"横排文字工具" ▇，添加英文字母与 FontAwesome 字体，其中页码数字添加外发光效果。使用工具面板中的"画笔工具" ▇，选择硬边圆画笔，按住<shift>键绘制直线。使用工具面板中的"多边形工具" ▇，绘制白色三角形，效果如图 3.1-114 所示。

图 3.1-110　添加 FontAwesome 字体　　　　图 3.1-111　产品陈列设计

图 3.1-112　添加圆形

图 3.1-113　新品标志

图 3.1-114　翻页绘制

注意

① 选择多边形绘制三角形时需要先在顶部设置栏中设置边数，如图 3.1-115 所示。
② 由于移动端的尺寸宽度有限，所以图片都以列进行排版，尽显产品细节。

形状
填充:
描边:
1点
W:
H:
边: 3
对齐边缘

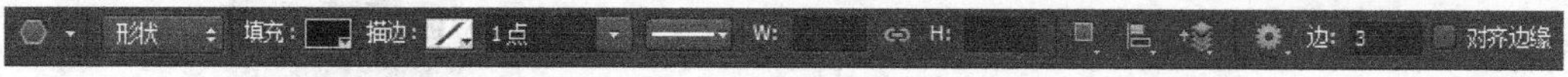

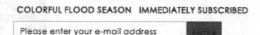

图 3.1-115　形状工具顶部设置栏

5. 底部设计，包括订阅、地图定位、关注、相关链接、版权设计

（1）订阅设计（如图 3.1-116 所示）。

COLORFUL FLOOD SEASON　IMMEDIATELY SUBSCRIBED
Please enter your e-mail address
ENTER

图 3.1-116　订阅设计

步骤　使用工具面板中的“横排文字工具”添加文字，并调整排版。使用工具面板中的“矩形工具”分别绘制白色与蓝色矩形，添加描边效果。

（2）地图定位设计（如图 3.1-117 所示）。

MAPS

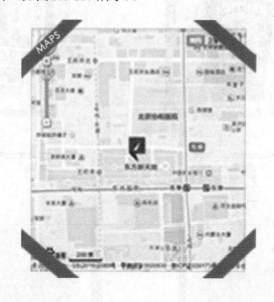

图 3.1-117　地图定位

步骤 1　导入素材 3.1.23，使用工具面板中的“矩形工具”绘制蓝色矩形，使用工具面板中的“直接选择工具”调整形状为梯形，复制三个出来，使用“自由变换”命令旋转形状到素材的四个边角处，效果如图 3.1-118 所示。

步骤 2　使用工具面板中的“横排文字工具”添加文字，旋转方向放到左上角的蓝色梯形图层上面，效果如图 3.1-119 所示。

图 3.1-118　地图定位 1

图 3.1-119　地图定位 2

 注意

① "路径选择工具"的使用性质（如图 3.1-120 所示）。

② "直接选择工具"的使用性质（如图 3.1-121 所示）。

③ "路径选择工具"与"直接选择工具"之间的快速切换方法（如图 3.1-122 所示）。

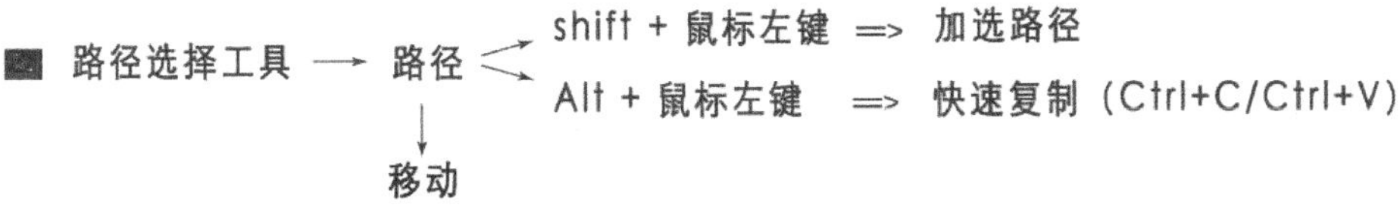

■ 路径选择工具 → 路径 ⟨ shift + 鼠标左键 ⟹ 加选路径
　　　　　　　　　　　　 Alt + 鼠标左键 ⟹ 快速复制（Ctrl+C/Ctrl+V）
　　　　　　　　↓
　　　　　　　移动

图 3.1-120　"路径选择工具"的使用性质

■ 直接选择工具 ⟶ 路径描点/修改路径 ⟶ 改变

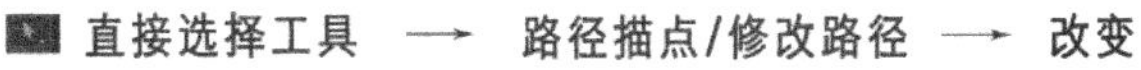

图 3.1-121　"直接选择工具"的使用性质

图 3.1-122　快速切换方法

（3）关注设计（如图 3.1-123 所示）。

步骤 1　使用工具面板中的"矩形工具" ![icon] 与"多边形工具" ![icon] 绘制蓝色形状，并使用工具面板中的"横排文字工具" ![icon] 添加文字，效果如图 3.1-124 所示。

步骤 2　导入素材 3.1.24，调整大小，效果如图 3.1-125 所示。

图 3.1-123　关注设计　　　　图 3.1-124　关注设计 1　　　　图 3.1-125　关注设计 2

（4）相关链接设计（如图 3.1-126 所示）。

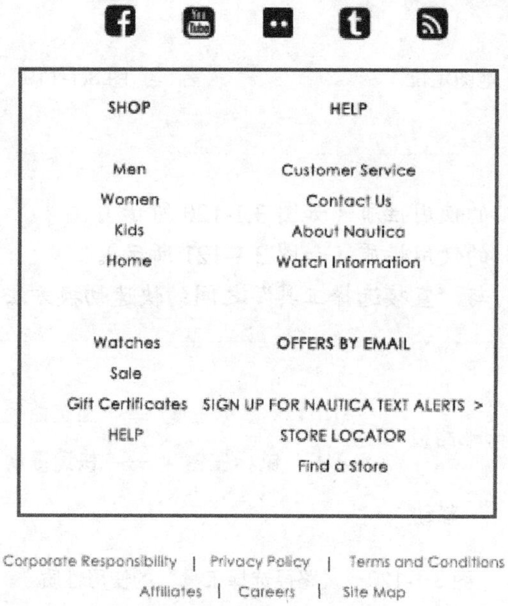

图 3.1-126　相关链接设计

步骤 1　使用工具面板中的"横排文字工具" 添加 FontAwesome 字体，绘制分享栏 UI 图标，效果如图 3.1-127 所示。

图 3.1-127　分享栏 UI 图标

步骤 2　使用工具面板中的"横排文字工具" 添加文字，以多列进行排版，分别以线框及分割线进行内容的划分，效果如图 3.1-128 所示。

图 3.1-128 企业信息及产品链接

（5）版权设计（如图 3.1-129 所示）。

COPYRIGHT © 2014 NAUTICA. LTD. ALL RIGHT RESERVED.
WEIFU CLOTHING (CHINA) CO., LTD. ALL RIGHTS RESERVED. ICP NO. 13010219 NO. -3

图 3.1-129 版权设计

步骤 使用工具面板中的"矩形工具" 与"横排文字工具" T. 绘制底色为蓝色的版权板块。

6．页面色彩基调统一调整。

步骤 1 使用图层面板的"创建新的填充或调整图层"菜单栏里的"色彩平衡"命令，给整个页面添加一个偏向蓝色调的色彩蒙版，统一色调。

步骤 2 在"色彩平衡"色彩蒙版图层添加图层蒙版命令，选中蒙版，逐个快速载入图片的选区并填充黑色。

✅ **思考：**

① "创建新的填充或调整图层"菜单栏里的"色彩平衡"命令与"图像"菜单栏里的"色彩平衡"命令有什么区别？

② 如何快速选中想要选中的图层？
③ UI 图标设计有什么讲究与注意事项？

任务2　平板电脑端页面设计

学习目标

能够使用 Photoshop CS6 软件对平板电脑端页面进行设计。

任务描述

在上一个任务中，已经学会了移动端网页页面设计，在本任务中，我们要根据上个任务中学到的知识点，设计 Sweet Cake 甜品店的平板电脑端页面（包括 logo、导航、banner 广告、文本、图像的设计）。

知识学习与课堂练习

版式构成

平板电脑端网页页面设计选用的尺寸是 $768 \times X$ 像素，比移动端的扩大了一些，但基本的设计不会差别太多，主要表现在版式布局和 UI 图标质感的优化上。

1. 以轴线安排版式

好的设计基本上都是极简洁的，在布置版面的组成元素时，不可能像插花艺术一样，这里插一朵，那里插一枝，追求的应该是简化。如图 3.2-1 所示：

（1）整个界面中，一条垂直轴线和一条水平轴线维系着整个版面的平衡。

（2）整个界面中，没有出现重叠现象。

（3）界面的每一软文板块中都有多张图片，但是其组合给我们形成的是一张图片的感观。

（4）采取的文本字体都是硬边缘（目的是为了与图片相呼应）。

（5）文字采用的颜色都是取自于图片中的深颜色（目的是为了形成协调效果），使图片与文字传达给观看者的视觉信息都是一样的。

2. 传递性安排

任何一个好的设计，内部都隐藏着一股方向性的动势，主要是从轮廓剪影上观察。无论是从大到小减弱，还是从小到大增强，都很好地增加了页面在设计上的趣味性与跳跃性。

如图 3.2-2 及图 3.2-3 所示框里的内容分别为浅色板块和深色板块，这里的浅色板块就采用了从大到小的减弱安排；深色板块则采用了从小到大的增强安排。很明显，这两者的安排是经过设计的，无论是从明暗度的对比还是传递性上来讲，都是相对的，互相间隔掺杂在一起，形成界面的均衡美感。

图 3.2-1　构成分析图 1　　　　图 3.2-2　构成分析图 2　　　　图 3.2-3　构成分析图 3

课堂练习 1　Sweet Cake 甜品店平板电脑端网页页面设计

效果如图 3.2-4 所示。

图 3.2-4　平板电脑端网页页面效果图

 注意

① 平板电脑端与移动端网页页面在内容量上没发生多大的变化，只是为了双列对称排版，在客户反馈板块中增加了一个案例。

② 平板电脑端网页页面的主要变化是对内容板块进行了重新排版,由移动端的单列排版演变成了双列和三列排版。这是平板电脑宽度尺寸的变化所导致的排版变化。

③ 还有一个变化是导航栏的设计,由移动端的图标化收拢型主菜单导航栏变成伸长型导航条设计,如图 3.2-5 所示。这样的设计,使客户能够更直观、快速地看到、选到想要了解的板块内容。

图 3.2-5 导航条效果图

思考: 移动端转换成平板电脑端,发生最大变化的是什么?

 任务实施

根据课堂练习中提到的内容来完成大卡车平板电脑端网站的设计。结构图如图 3.2-6 所示,最终效果图如图 3.2-7 所示。

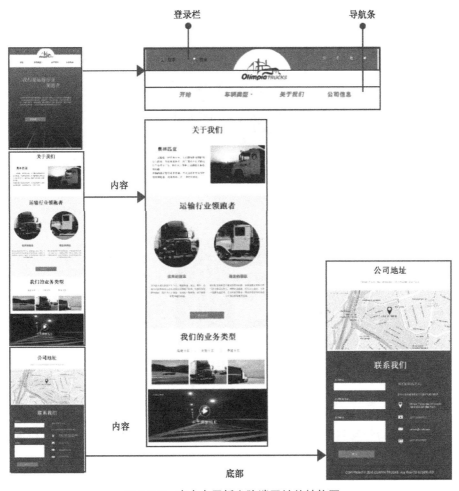

图 3.2-6 大卡车平板电脑端网站的结构图

图 3.2-7 大卡车平板电脑端网站的效果图

 注意

① 排版列数由移动端的单列转换成平板电脑端的双列，对图文的大小、位置排版更需要讲究。

② 导航条进行了优化设计，增加了设计起伏感。

③ 扁平化、图标化、贴片化设计的使用方式及对象。

任务回顾

能够根据企业所属行业的性质，在充满设计美感的前提下，设计出一个既符合公司文化理念又能够满足浏览者需求的平板电脑端网页页面。

任务拓展

根据项目三任务 1 任务拓展中制作的某服装品牌公司 移动端网页页面设计图，延伸设计出该公司 平板电脑端网页页面。

1．网页尺幅的确定

建立标准平板电脑端尺寸为 768×5139 像素、分辨率为 300 像素的文档。

2．确定网页页面色彩基调

根据网页三端的高度统一性要求，在上一任务——移动端网页设计中已经确定好了整个网页的色彩基调，所以本任务可直接采用移动端的色彩基调进行设计。

3．顶部设计

在移动端的基础上，增加一个顶部菜单及进行一些小的设计改变，效果如图 3.2-8 所示。具体绘制方法与步骤请参考任务 1 任务拓展的顶部设计部分。

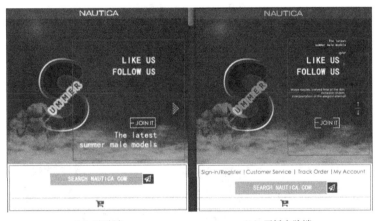

（a）移动端　　　　　　（b）平板电脑端

图 3.2-8　移动端与平板电脑端顶部设计对比

此部分设计主要变化有以下几点。

（1）对 banner 广告部分的软文排版进行了调整，将软文进行了更详细的层次排列。如果一个设计层次分得好，看起来就整齐，容易定位，可以更容易找到你想要表达的信息，使整个设计更有节奏感与韵律。

如图 3.2-9 所示，作为 banner 广告的第一重要信息——"广告口号"非常醒目，而广告的最终目的是为了吸引客户的参与，所以第二重要信息——"参与方式"也非常醒目。接下来表达的才是衣服季节与详细内容这类次要的信息。

这里主要通过以下方式来实现层次的划分。

① 调整不同内容的字体大小。通过不同的大小来暗示内容的重要性。

② 引导注意力。如图 3.2-10 所示左右两张图，很明显右边有三角形图形的那张比左边

没有三角形图形的那张更加吸引眼球。这里三角形图形就起到了吸引客户注意力的作用。此外，再从专业的美术设计学角度观察与对比一下，有三角形的图明显比没有的那张要漂亮很多，并且更有艺术设计感。所以在排版中，多去正确利用点、线、面元素，丰富版面构成。

图 3.2-9 banner 广告软文层次

图 3.2-10 banner 吸引力对比

③ 添加线框。这是一种比较常见的做法，仅仅摆上文字会显得有点单调，有时候还显得版面不规整。这时候加入简单的矩形，就什么问题都解决了。现在在平面设计中更流行一种不全封闭的矩形，将文字镶嵌在矩形中，非常具有设计感。观察图 3.2-8 可以发现，左图中的"JOIN IT"全封闭矩形很明显没有右边的不封闭矩形更具设计感。

（2）banner 广告轮播形式发生改变。由移动端的左右轮播改成上下轮播，如图 3.2-11 所示。

（3）顶部菜单添加。效果如图 3.2-12 所示，顶部菜单没有添加在顶部，而是添加在了 banner 广告与搜索栏之间，主要还是由于版面尺幅的局限性，添加在顶部的话，信息的表达不够明显。

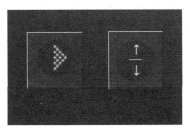

图 3.2-11　banner 轮播对比

图 3.2-12　顶部菜单

（4）导航栏（如图 3.2-13 所示）。

图 3.2-13　导航栏

① 采用四列排列方式，而不是像移动端那样三列排列。主要是因为平板电脑端尺幅变宽了，为了使内容更加充实，版面不空洞，进行了横向的拉伸排版设计。

② 从设计角度来讲，移动端的排版设计，显示出来的作用力是纵向拉伸的，如图 3.2-14 所示，而修改后，显示出来的作用力是横向拉伸的，如图 3.2-15 所示，更符合平板电脑端的显示要求。

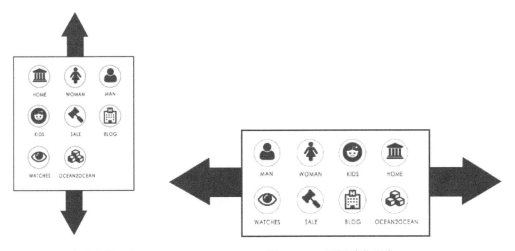

图 3.2-14　移动端作用力　　　　　　图 3.2-15　平板端作用力

4．中部设计

中部设计分别为侧导航栏、企业文化、产品发布。具体绘制方法与步骤请参考任务 1 任务拓展的中部设计部分。

此部分设计主要变化有以下几点。

（1）侧导航栏与企业文化两大板块进行了合并，效果如图 3.2-16 所示。

图 3.2-16　侧导航栏结合企业文化

① 从空间利用考虑。尺幅变宽了，如果还像移动端那样排列的话，会显得版面右边内容空洞。

② 从设计角度考虑。要贴合平板电脑端常用的浏览方式，形成横向输出感，而不是移动端的纵向输出感。

（2）产品发布设计（效果如图 3.2-17 所示）。

图 3.2-17　产品发布

① 视频发布栏与文字排版方面没有进行改变，全部居中对齐，留出较宽的边界。

📢 注意

边界就是设计师设计时留出的周边的空白空间，除非有什么特别的设计要求，否则，一般都会留出边界，不会让内容看起来像要从页面中掉出来一样。在页面周边大方地留出边界，这样的设计会让读者看起来更加舒服，减少视觉疲劳。

② 图片排版发生了变化，由移动端的单列排版改成现在的双列排版。第一，横向宽度变宽了，如果还是单列排版的话，页面两端的边界就会显得过于空，画面不好看。第二，如果为了让页面不空洞，而改变图片大小，这样虽然可以解决页面过空的问题，但是图片就会显得过大，看起来像海报，而不像简单的产品陈列。所以综合这两点，改为双列排版既满足美观性要求，又让阅读舒适度提高了许多，避免了频繁换行导致的疲劳，还能在有限的版面空间呈现更多的产品。

5. 底部设计

底部设计包括订阅、定位、关注、相关链接、版权设计，如图 3.2-18 所示。具体绘制方法与步骤请参考任务 1 任务拓展的底部设计部分。

图 3.2-18　底部设计

此部分设计主要变化有以下几点。

① 去掉了相关链接的线框及在文字排版上进行了位置和大小的变化。

② 横向排版使设计得到了升华。通过图 3.2-19 所示，可以看出，平板电脑端的设计有

一种左右拉伸的作用力，而移动端的设计则呈现出上下拉伸的作用力。

图 3.2-19　底部设计作用力对比

思考： 仔细观察图 3.2-20 与图 3.2-21，两张图中都有分割线，为什么平板电脑端的分割线会比移动端的分割线明显呢？

图 3.2-20　平板电脑端分割线

图 3.2-21　移动端分割线

如果从几何学的角度来给线下定义的话，线只有位置及长度，而不具有宽度和厚度。但如果从视觉传达艺术上来分析的话，人的视觉因素作用于线上，使得线在人的心理层面产生的不仅仅是几何学上的意义，它还有指向性、运动性和情感性。康定斯基曾经指出，"点是静止的，而线的出现来源于运动，表现的是内在的活动"。

线是点通过不断移动形成的轨迹，这种线的指向性很重要，在视觉传达艺术上它是表达艺术家和设计师寄予情感的重要因素。

线的基本特性是具有动势与运动感。它不仅表达自然形态，在展示设计的形态塑造上更具有指引性和情感性。

所以结合以上理论再来观察图 3.2-22。很明显可以看出，左图的四根线段中，线段 A、B 比线段 C、D 更加明显，更容易被人一眼锁定。右图是线段 c、d 比线段 a、b 更加明显，更容易被锁定。之所以会有这样的效果主要有以下几点原因。

① 运动角度，也就是物理角度。如图 3.2-22 所示，由于 $F(A)=F(B)>F(C)=F(D)$（F 指各边的作用力），所以 $F(A)$、$F(B)$ 把 $F(C)$、$F(D)$ 往左右两边无限地推开，导致我们的视觉重心放在了力的延伸方向上，也就是只关注到了线段 A、B 的存在。同理 $F(a)=F(b)$ $<F(c)=F(d)$，所以 $F(c)$、$F(d)$ 把 $F(a)$、$F(b)$ 往上下两边无限地推开，导致我们忽略了线段 a、b 的存在。

② 阅读习惯。当我们阅读完很长的一段横向文字，切换到下一行时，迫切地需要快速找到换行点，就是所谓的阅读连贯性。在 A 与 B 之间就很好地体现了这一点，两者距离比较近的，让横向的连贯性没有中断。而 a 与 b 之间就不一样了，它们之间离得太远，当我们从 a 切换到下一行的时候，不能及时找到 b 的存在，因为在 a 到 b 的切换之间，经过了很长一段的距离 c，这种横向的心理暗示被纵向暗示给截断了，所以缺少了连贯性。

③ 心理暗示。在人们的视觉认知过程中，不是被动地接受客观事物的刺激作用，而是在客观事物和主观心理因素的相互作用下进行的。（想进行更详细地了解可以在网络上搜索设计心理学。）

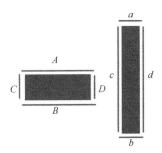

图 3.2-22　线暗示

任务3 计算机端及宽屏页面设计

学习目标

能够使用 Photoshop CS6 对计算机（PC）端及宽屏页面进行设计。

任务描述

在上一个任务中，已经学会了平板电脑端的网页页面设计，在本任务中，我们要根据上一个任务中学到的知识点，设计 Sweet Cake 甜品店的 PC 端及宽屏页面（包括 logo、导航、banner 广告、文本、图像的设计）。

知识学习与课堂练习

版面设计

PC 端及宽屏网页页面设计选用的尺寸为 $1440 \times X$ 像素，它的页面尺寸已经比移动端和平板电脑端的尺寸扩大了许多，所以这时设计的难点与重点，就是在整体感觉不变的情况下，让整个页面内容显得饱满。但是需要注意的是，不要为了饱满而使劲地往里面添加内容。

要时刻谨记，PC 端及宽屏网页页面设计的注意事项。

（1）化繁为简。

所谓化繁为简，不是把繁杂的内容删除掉，而是梳理内容，进行归纳整理，运用平面设计中的点、线、面构成知识进行排版。最终，让繁杂的内容以板块的形式更清楚、清晰、直接的在页面中展示出来。如图 3.3-1 所示。

（2）画质优化。

由于页面尺寸变大，这时候如果还是以小尺寸的画质效果来展示的话，就会显得不够精致，所以有些设计就要进行优化。如图 3.3-2 所示，很明显可以看出 PC 端及宽屏网页比移动端和平板电脑端网页多出了更多的细节。

（3）适当的强化 PC 端及宽屏网页页面特征。

PC 端及宽屏网页页面在顶部设计的时候会比移动端和平板电脑端多出一些特征性的板块及 UI。例如，侧导航栏、banner 广告翻页 UI 等，如图 3.3-3 所示。虽然有些平板电脑端与移动端也会有这样的板块，但是由于局限性，导致这些板块相对于 PC 端不是非常明显。

图 3.3-1　版面构成分析图 1

图 3.3-2　版面构成分析图 2

图 3.3-3　版面构成分析图 3

本任务中文字的字体、颜色的选择，则沿用前两个任务的风格。

课堂练习 1　Sweet Cake 甜品网站 PC 端及宽屏网页页面设计

效果如图 3.3-4 所示。

图 3.3-4 Sweet Cake 甜品网站 PC 端网页页面设计效果图

1. 版面的排版设计

由于 PC 端及宽屏网页页面的尺寸原因，宽度尺寸取值为 1440 像素，所以在软文排版上，将菜谱内容及底部内容的列数扩大为四列，使更多的内容在少使用上下拨动滚轮的情况下一目了然。效果如图 3.3-5、图 3.3-6 所示。

—— 菜谱 ——

图 3.3-5 菜谱效果图

图 3.3-6 页面底部效果图

2. 顶部设计，效果如图 3.3-7 所示

图 3.3-7 顶部设计

3. 导航栏设计，效果如图 3.3-8 所示

图 3.3-8 导航栏设计

步骤1 在原来方形导航栏的下部区域，使用工具面板的"矩形选框工具" 去掉一小块面积，形成一个凹槽。然后使用工具面板中的"多边形套索工具" ，绘制出两端的不规则四边形，并填充黑色，使整个导航栏形成一个凸出来的立体效果，如图3.3-9所示，打破死板的矩形外形，增添层次感与趣味性。

图3.3-9 导航栏特殊形状的绘制

步骤2 在菜单导航栏板块，加入了分隔线，形成小面积的划分感。填充颜色采用了logo中叶子的绿色，使导航栏的不同板块之间产生呼应，效果如图3.3-10所示。

首页 | 关于我们 | 菜单 | 博客 | 联系我们

图3.3-10 菜单导航栏效果

步骤3 将logo导入进来，调整好logo、导航栏的大小、位置，最终导航栏效果如图3.3-8所示。

4．banner广告设计，效果如图3.3-11所示

图3.3-11 banner广告设计

步骤1 导入素材图片，给图片添加图层面板的"混合选项"中的"渐变叠加""斜面与浮雕"与"投影"三个子命令，效果如图3.3-12所示。

图3.3-12 修饰图片边框

步骤 2　使用工具面板中的"圆角矩形工具" 及"椭圆工具" ，绘制出轮播方向符号及圆形符号，效果如图 3.3-13 所示。

图 3.3-13　图片轮播效果制作

步骤 3　选择所有 banner 广告图层，按住快捷键<Ctrl+Alt+E>键进行盖印，将盖印的图层进行垂直翻转，添加图层蒙版，用渐变进行填充，并调整图层透明度，效果如图 3.3-14所示。

图 3.3-14　盖印可视图层

 任务实施

根据课堂练习中提到的内容来完成大卡车 PC 端及宽屏网页的设计。最终效果图如图 3.3-15 所示。

注意

① 顶部内容设计的变化。
② 斟酌内容列数的版面设计方式。
③ 图片、字体大小的排版。

图 3.3-15 大卡车 PC 端及宽屏网页效果图

任务回顾

能够根据企业所属行业的性质，在充满设计美感的前提下，设计出既符合公司文化理念又能够满足浏览者需求的 PC 端及宽屏网页页面。

📞 **任务拓展**

根据项目三任务 1、2 任务拓展中已完成的美国知名服装品牌 Nautica 移动端及平板电脑端的网页,延伸设计出 Nautica 的 PC 端及宽屏网页页面。

1. 网页尺幅的确定

建立标准 PC 端及宽屏网页页面端尺寸为 1440×3648 像素,分辨率为 300 像素的文档。

2. 确定网页页面色彩基调

根据网页三端的高度统一性要求,在上两个任务中已经确定好了整个网页的色彩基调,所以本任务将继续沿用。

3. 顶部设计

顶部设计分别有 logo、顶部菜单、分享链接、banner 广告、搜索栏、购物车、导航栏,效果如图 3.3-16 所示。具体绘制方法与步骤请参考任务 1 任务拓展的顶部设计部分。

图 3.3-16　PC 端网页的顶部设计

相对于移动端与平板电脑端来说,PC 端此部分设计的主要变化有以下几点。

(1)采用重心型版式设计,将几大板块内容进行排版,使界面效果强烈且突出。

(2)logo 从顶部中间移动至左上角。

(3)顶部菜单名副其实回归顶部,放置在右上角。

(4)将分享链接板块从网页底部移动到网页顶部,提升此板块的显著性。

(5)搜索栏与购物车的设计进行了小调整,不再单独作为板块存在,改为 banner 广告板块的构成元素,放置在 banner 广告左下角。修改前后对比效果如图 3.3-17 所示。

图 3.3-17　搜索栏与购物车板块的修改

（6）导航栏不再以 UI 图标的形式存在，而是以文字的形式进行横向排列，再用纵向分割线进行分割。因为如果单摆上文字会显得过于单调，而且也显得不那么规整，效果如图 3.3-18 所示。加上简单的分割线会使一切都不再简单，充满了设计感，效果如图 3.3-19 所示。

图 3.3-18　网页导航栏 1

图 3.3-19　网页导航栏 2

　注意

观察图 3.3-18 与图 3.3-19 所示，后者除了添加分割线之外，还给整个白色底添加了蓝灰色的外发光效果，增强了导航栏的视觉冲击力与突出性，有一种悬浮感，丰富了前后层次。

顶部设计中，常用的几种排版形式如下。

（1）重心型。这种排版形式能够让浏览者在浏览的过程中，产生明确的视觉焦点，使界面有强烈的突出效果。重心型又分为三种形式。

① 中心占据型。在版面中心直接以彰显独立的轮廓来占据，效果如图 3.3-20 所示。

图 3.3-20　中心占据型

② 向心型。视觉元素隐性透视，形成向版面中心收缩聚拢感，效果如图 3.3-21 所示。

③ 离心型。视觉中心从版面中间开始，以水波纹状向外扩散，效果如图 3.3-22 所示。

图 3.3-21　向心型

图 3.3-22　离心型

（2）中轴型。这种类型的网页设计，是将图形以横向水平的方式或者纵向垂直的方式进行排列组合，软文则以或上或下、或左或右来搭配。横向的版面设计会给人营造稳定、平静的祥和感。纵向的版面设计则给人强烈的运动感。常见的以纵向的应用居多。效果如图 3.3-23 所示。

（3）分割型。主要以上下分割和左右分割为主。最为常见的网站是左右分割型的。

① 上下分割，从字面解析，就是将整个设计版面分为上下两部分。可以在上版面或下版面配图片，剩下的版面则配软文。配有图片的部分缤纷而青春，而软文版面则干净利落。配图部分可以是一图或多图。效果如图 3.3-24 所示。

② 左右分割，就是将整个版面分割为左右两个部分，在左边部分或右边部分设计文案。当两大板块形成一强一弱的对比时，会传达一种不平衡的视觉感受，这是视觉上形成的一种心理暗示，所以它没有上下分割看起来自然。不过，如果也加入文案打破图案的内部结

构，左右互相呼应，这样就会变得自然多了。效果如图 3.3-25 所示。

图 3.3-23 中轴型

图 3.3-24 上下分割型

（4）倾斜型。这种类型的网站不普遍，所以不常见。这样的网站一般比较偏向于有个性的户外运动品牌网站。版面的主体设计成倾斜感，营造出一种运动感与不稳定感，吸引人的眼球。效果如图 3.3-26 所示。

（5）骨骼型。最常见的传统网站类型，它是一种以类似于栅格系统的规范性界面分割方法设计的网页，都是横向或纵向分若干栏，通常以纵向分栏为多。效果如图 3.3-27 所示。骨骼型的网站会给人以严谨、和谐、理性之美。

（6）满版型。这种类型的网站越来越普遍，特别是旅游网站，通常都是以一张图片为背景，撑满整个版面，再配以文案，形成强烈的视觉冲击感。满版型给人以大气、舒服之感。效果如图 3.3-28 所示。

图 3.3-25　左右分割型

图 3.3-26　倾斜型

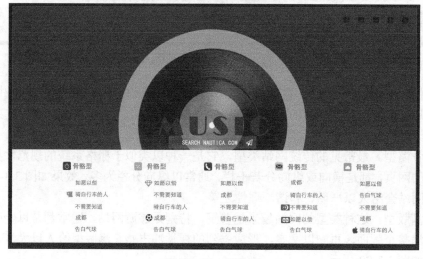

图 3.3-27　骨骼型

图 3.3-28　满版型

（7）对称型。对称的版式具有稳定性。对称又分绝对对称和相对对称。一般多采用相对对称，可以避免版面的设计过于严谨。常见的以左右对称居多。效果如图 3.3-29 所示。

图 3.3-29　对称型

（8）三角形。在各种几何基本形态中，正三角形（金字塔形）从几何力学上看，最具安全稳定性，效果如图 3.3-30 示。

（9）四角形。在版面四角及连接四角的对角线结构上编排图形，这种版面营造出一种版中版，画中画的效果，如图 3.3-31 示。

（10）自由型。就是随机无规律的版面设计，营造出一种灵动性。效果如图 3.3-32 所示。

图 3.3-30　三角形

图 3.3-31　四角形

图 3.3-32　自由型

4．中部设计

中部设计分别为侧导航栏、企业文化、产品发布。效果如图 3.3-33 所示。具体绘制方法与步骤请参考任务 1 任务拓展的中部设计部分。

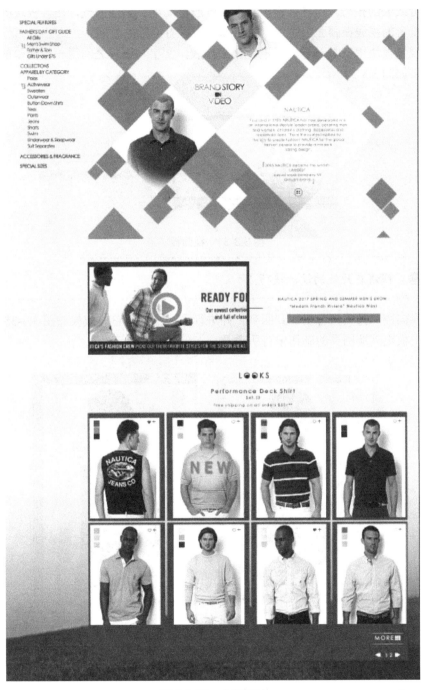

图 3.3-33　中部设计

相对于移动端与平板电脑端来说，PC 端此部分设计主要变化有以下几点。

（1）侧导航栏比前面两种更加明显，由移动端的上下分割排版，到平板电脑端的合并排版，再到现在的左右分割排版，不同内容板块间的关系也越来越清晰了。

（2）大量地运用了留白技巧。所谓留白，就是指设计中所有空白的空间。根据设计内容决定留白的大小，留白大的时候，看似有些浪费，但是要想让画面设计的平衡、有条理，这将是不可或缺的技巧。这样的设计会形成一股流动的、隐性的气，在各板块的缝隙中穿梭，让浏览者的视线在画面中游走，也可以让视觉有停歇的时间。

（3）视频板块用左右对称方式进行文案排版，文字与图片之间用一根简单的横线进行联系。效果如图 3.3-34 所示。

图 3.3-34　视频板块

 思考：横线在此处的设计技巧。

（4）横向图片排列内容增加到四列，并进行了边框的调整。效果如图 3.3-35 所示。具体原因，平板电脑端网页的制作中有所提及。

图 3.3-35　图片设计

5. 底部设计

底部设计包括订阅、定位、关注、相关链接、版权设计，如图 3.3-36 所示。具体绘制方法与步骤请参考任务 1 任务拓展的底部设计部分。

（1）此部分跟移动端比变化不大，唯一变化的就是将一些内容合并横向排版，增加画面的横向感，充实画面。

（2）增加留白设计。

图 3.3-36　底部设计

任务 4　页面交互设计

学习目标

能够使用 Photoshop CS6 软件对页面元素进行交互设计。

任务描述

在前三个任务中，已经分别设计好了三端的网页页面，在本任务中，我们要结合设计出的三端网页特点，对其中的内容及元素做一些页面交互设计，增加页面的趣味性。

知识学习与课堂练习

简析交互设计

交互设计（Interaction Design，缩写为 IXD）是定义、设计人造系统行为的设计领域，它定义了两个或多个互动个体之间交流的内容和结构，使之互相配合，共同达成某种目的。

页面交互设计，顾名思义，也就是在页面上完成的客户与页面的互动。

一个好的交互，能够很好地拉近客户与产品的距离与关系，提升客户对产品的兴趣，留下深刻的印象。

由于设计本身是一项充满设计师主观意识的工作，所以我们在设计时，要多做市场调研。在满足设计感的同时，也要站在客户角度去考虑交互的使用及效果。

正所谓细节决定成败，在进行交互设计的时候，一定要关注交互设计在细节上的体现。这在很大程度上是在考验一个互联网产品有没有优秀的体验基础。设计时，可以尝试多种交互方式相结合，不要被现有的设计所束缚。创造出新的设计方式，给浏览者带来新颖的体验与惊喜，同时也可以让设计师在交互设计的道路上得到更多的收获。

课堂练习 1 移动端导航的隐藏、轮换与点亮功能的交互设计

（1）移动端导航隐藏功能的交互设计，效果如图 3.4-1 所示。

图 3.4-1　移动端导航隐藏功能的交互设计

由于宽度尺寸的限制，所以采用这种触发式收缩、伸展的交互方式处理导航目录，既很好地解决了小屏引发的问题，又增加了美感，贴近现在扁平化设计的趋势。

（2）移动端 banner 广告的滑动轮换，效果如图 3.4-2 所示。

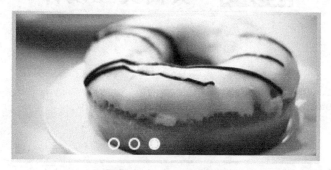

图 3.4-2　广告轮换效果

通过手指的左右滑动来轮播 banner 广告，小圆圈的停留辅助显示当前页面位置。简单快速，触发区域也广，不会出现触发不到的现象。

（3）移动端的客户反馈板块中也运用了这一交互方式，效果如图 3.4-3 所示。

图 3.4-3　客户反馈交互效果

（4）PC 端及宽屏网页导航栏点亮式交互，效果如图 3.4-4 所示。

图 3.4-4　导航栏按钮鼠标经过效果（点亮）

当鼠标指定在某个目的区域时，该区域的名称就会被点亮，从而凸显出来。然后会有一个矩形的背景框在黄色分界线处从右至左弹射出来。让分界线不单纯是分界线，而是一个背景框的缩影。

（5）PC 端及宽屏网页 banner 广告翻页按钮单击转换交互，效果如图 3.4-5 所示。

图 3.4-5　banner 广告单击翻页按钮交互效果

当鼠标移动到翻页按钮时，按钮会产生外发光的效果，通过立体空间强化交互效果。凸显设计的交互是在可触发操作的范围内，不会让人产生错觉，分不清鼠标所处的位置是不是在交互的触发范围内。

任务实施

根据本任务课堂练习中提到的内容给大卡车网站页面添加交互设计，要求添加交互的区域如图 3.4-6 所示。

任务回顾

在能够独自完成一个完整网页设计的基础上，给网页页面的元素添加一些具有设计感与实用性的交互设计，使整个页面更加具有趣味性，从而引起浏览者更大的兴趣。

任务拓展

1．导航交互设计
（1）导航的隐藏交互设计，如图 3.4-7 所示。

图 3.4-6　大卡车交互设计

图 3.4-7　导航的隐藏交互设计

　　图中选框中的内容为信息展开效果，其余部分内容则被隐藏收缩。隐藏功能可以将更多的同类信息隐藏到总标题中，既美观，又增加了信息容量，也会使导航条更加简洁，交互效果精致流畅。

　　（2）导航条 Hover。

　　Hover 的意思就是一个模仿悬停事件（鼠标移动到某个对象上及移出这个对象）的方法。这是一个自定义的方法，它为频繁使用的任务提供了一种"保持在其中"的状态。

【案例一】当鼠标选中某个导航条标签的时候，并没有改变该标签的字体色彩及字体的粗细大小，而是增加了标签的立体感，使标签向前浮出，如图 3.4-8 所示。

【案例二】当浏览者选中某个导航条标签的时候，该标签会同比例变大，告知浏览者当前所处的位置，如图 3.4-9 所示。

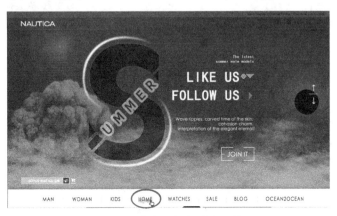

图 3.4-8　导航条鼠标经过交互效果 1

图 3.4-9　导航条鼠标经过交互效果 2

（3）图形化导航，如图 3.4-10 所示。

不难发现，现在越来越多的导航采用了暗示性图标或者暗示性图标加文字的模式，取代了之前的纯文字链接，这样交互设计的好处就是扩大了单个标签的单击区域，避免单击不到的尴尬情况。之所以会兴起这样的设计，是由于现在手机及平板电脑的使用率越来越高，对纯文字导航的优化设计，可以同时适应计算机、平板电脑、移动设备这三端，大大节省了设计费用。

图 3.4-10　图形化导航设计

（4）辅助导航交互设计，如图 3.4-11 所示。

图 3.4-11　辅助导航交互设计

随着侧边导航栏的出现，越来越多的网站引入侧边导航栏板块设计，极大地帮助了用户快速到达想要关注的板块内容。不过设计侧边导航栏的时候，需要注意不要只是为了充实板块内容，就忽略了页面整体构成的和谐度，打破画面的完整性，成为浏览者眼中的"牛皮癣"。

2. Hover 交互

【案例一】如图 3.4-12 所示，鼠标移动到元素图标上方时，会出现顺畅的动态效果，而不是单纯的改变图标元素的色彩。

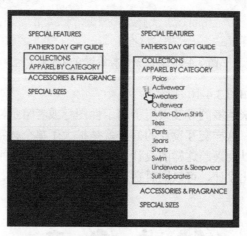

图 3.4-12　侧边栏三角形鼠标经过效果

【案例二】如图 3.4-13 所示，整个 banner 广告指向元素其实是广告切换中的控件，当用户将鼠标移到 banner 广告指向元素上时，会弹出 banner 广告的翻页 UI 图标特效及显示当前所处页数。

图 3.4-13　banner 广告翻页 UI 图标鼠标经过效果

　　综合上面两个案例来看，在设计 Hover 状态时，要多花费时间关注细节，以设计出更为顺畅的交互动作。

3. 搜索设计，效果如图 3.4-14 所示

图 3.4-14　搜索设计鼠标经过效果

　　这个案例是对快速搜索栏的交互设计，利用改变背景色的技巧，设计出完整的交互细节。

4. 反馈设计，如图 3.4-15 所示

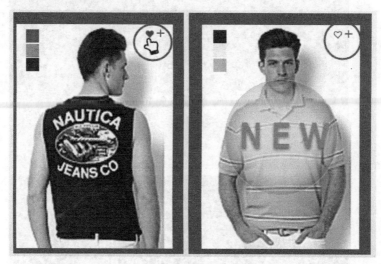

图 3.4-15 反馈设计鼠标单击效果

这个案例是浏览者对某一内容的喜爱度的交互设计，设计师利用很小的空间，通过"心形"镂空与填充的转换，完成了浏览者收藏、取消收藏等的交互细节。

5. 单击展现更多，如图 3.4-16 所示

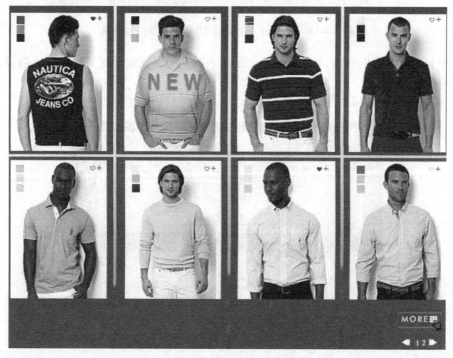

图 3.4-16 "MORE"按钮鼠标单击

鼠标单击时，信息全部下拉显示出来，展示出更多的内容，再次单击可将内容隐藏起来，这样的设计很受设计者及用户的青睐，因为它满足了视觉感受的和谐性及功能的实用性，导航栏也有很多采用这样的设计，如图 3.4-17 所示。

图 3.4-17　导航栏收缩按钮鼠标单击效果

6. 评论模块，如图 3.4-18 所示

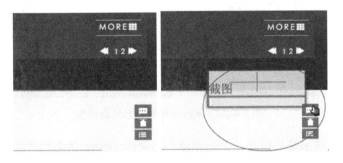

图 3.4-18　评论模块鼠标单击效果

在网站页面中，随着浏览者向下拖动页面时，会弹出一个悬浮的移动评论模块，设计师将评论与截图相结合，做了一个小的移动侧边栏，可以对任何内容进行针对性的评论。这样的设计可以更直观明确的收集浏览者提供的意见及解答浏览者对某些内容的疑惑。

7. 3D 效果，如图 3.4-19 所示

图 3.4-19　鼠标单击翻页倒影例图（3D 效果）

3D 效果的使用在 banner 广告中最常见，随着浏览者单击翻页按钮，倒影也会跟着变化为相对应的内容，使之在视觉传达上有很强的冲击力，同时也不缺乏实用性。顺畅的交互完全不会对信息的读取有任何影响。

8. 信息预览，如图 3.4-20 所示

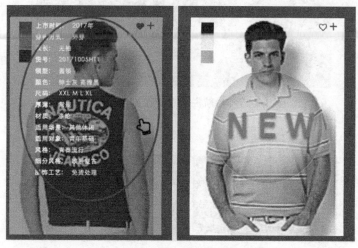

图 3.4-20　鼠标经过时信息预览例图

鼠标经过时才显示商品信息，否则隐藏。这种用 Hover 状态把产品的各类参数信息清晰呈现出来的设计，对空间的利用起到了合理的安排。

任务 5　产品汇报与展示

学习目标

能够使用 Photoshop CS6 软件对页面元素进行交互设计。能够将三端的设计产品通过三端设备布局排版，用于直观的效果展示。

任务描述

三端的网页设计已经完成，在本任务中，我们将制作三端效果图，并在三端设备中进行模拟布局排版，将设计出来的效果更直观的演示给客户。

知识学习与课堂练习

网页效果图展示

一般都是将做好的网页效果图放入三端设备屏幕中进行展示。最好是将同一页面在三

端设备中进行版式设计，以便更好地对比出各端的效果。

课堂练习1 Sweet Cake 甜品网站页面平铺式三端效果汇报展示

展示效果如图 3.5-1 所示。

图 3.5-1 Sweet Cake 甜品网站页面三端效果图展示

注意

汇报需要制作 PPT，通过 PPT 和讲解，具体展示并分析一个网站页面三端设计从无到有的整个过程。

汇报思路及流程如图 3.5-2 所示。

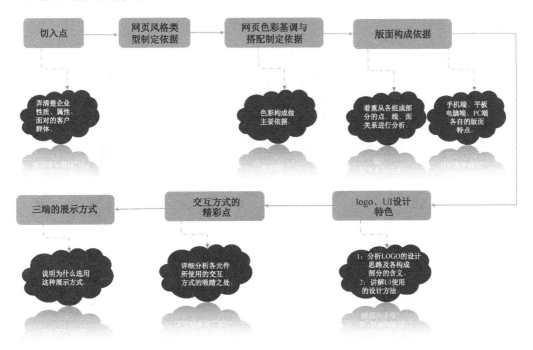

图 3.5-2 汇报思路及流程

◎ **任务实施**

大卡车网站错位式三端页面效果展示如图 3.5-3 所示。

图 3.5-3　大卡车网站错位式三端页面效果展示

局部展示如图 3.5-4 所示。

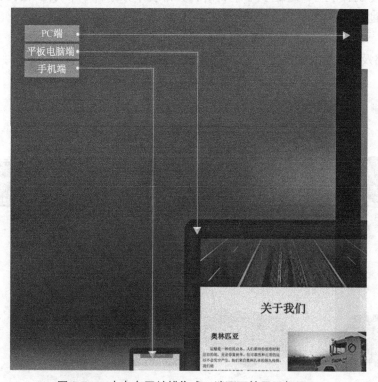

图 3.5-4　大卡车网站错位式三端页面效果局部展示

汇报思路及流程如图 3.5-2 所示。

任务回顾

对已经设计完成的网页页面三端效果图进行汇报与展示，并对设计思路做一个大概的解说。

任务拓展

对美国知名服装品牌 Nautica 公司网站页面的三端进行画中画效果汇报与展示。最终效果展示如图 3.5-5 所示。

图 3.5-5　Nautica 公司网站页面三端效果图展示

汇报思路及流程如图 3.5-2 所示。

项目四

●●●●●● **App 产品原型设计**

 项目简介

在项目一任务 1~3 中，我们已经在 X 公司的要求下，对公司的旧网站进行了重新设计，并交付给网站开发人员实现了设计的功能。目前 X 公司的网站是一个全新的、响应式的、扁平化设计的网站。

响应式的网站能够兼容计算机、平板电脑和手机设备。但是，X 公司 CTO 觉得 App 产品对留住移动客户、保持移动客户活跃度和增加用户卡车预定业务等有明显的优势，经调研后在公司高层会议上进行了汇报，公司高管达成共识，决定开发一款公司的 App 产品，在网站的基础上拓展部分功能（如卡车预定、用户位置获取等），并能够支持不同的移动操作系统，且希望后期能够上线微信的小程序应用。

项目分析

从项目简介我们可以非常清晰地了解 X 公司的需求，App 产品是公司的另外一个推广渠道，公司已经有了响应式网站，我们可以从已有的响应式网站——特别是响应式网站在移动设备下的呈现方式入手，根据 App 产品的常见表现和交互形式进行设计开发。

为此，可以制定如下项目计划。

1. 线框图原型设计。在草绘原型的基础上，使用 Axure 软件绘制 App 产品线框图原型。

2. 效果图及图标设计。根据线框图原型，使用 Photoshop 软件设计界面效果图，并设计 App 应用图标。

3. 高保真原型设计。结合线框图、效果图，使用 Axure 软件制作高保真原型，包括界面修改原型和交互效果原型，并导出演示项目。

4. 微信小程序改造。在了解微信 UI 特点的基础上，对高保真原型进行必要的修改，并导出演示项目。

用于项目管理的基本甘特图如图 4.1-1 所示。

ID	任务名称	开始	完成	持续时间	2017年12月								
					12	13	14	15	16	17	18	19	20
1	线框图原型设计	2017/12/12	2017/12/12	1天									
2	效果图及设计	2017/12/13	2017/12/14	3天									
3	高保真原型设计	2017/12/15	2017/12/19	3天									
4	微信小程序改造	2017/12/20	2017/12/20	1天									

图 4.1-1 甘特图

能力目标

1. 能够叙述 App 产品常见的 UI 框架。
2. 能够将自己的想法通过绘制线框图的方式表达出来。
3. 能够使用 Axure 软件绘制 App 产品线框图原型。
4. 能够使用 Photoshop 软件制作 App 产品效果图。
5. 能够使用 Photoshop 软件制作 App 产品图标。
6. 能够使用 Axure 软件制作 App 产品高保真原型。

任务1 使用 Axure 软件绘制 App 产品线框图原型

学习目标

1. 能够叙述 App 产品常见的 UI 框架及交互类型。
2. 能够将自己的想法通过绘制线框图的方式表达出来。
3. 能够使用 Axure 软件绘制 App 产品线框图原型。

任务描述

本次任务要求通过了解 App 产品常见的 UI 框架及交互类型,绘制 App 产品的线框图,并使用 Axure 软件绘制线框图原型。

为此,你需要学习:

1. App 产品常见的 UI 框架及交互类型。
2. App 产品的常见线框图元素和组件。

在此基础上,完成:

1. 手绘简要的 App 产品线框图；
2. 使用 Axure 软件绘制线框图原型。

📠 知识学习与课堂练习

4.1.1 App 产品与 Web 产品

根据 SalesForce 的一项研究，85%的受访者表示移动设备是日常生活的核心部分，而 18～24 岁年龄段的受访者中有 90%同意这一点。91%的消费者表示以任何他们想要的方式访问内容很重要。显然，面向移动端用户是未来一个明智的战略，消费者在移动设备和移动应用程序上花费的时间正在大幅增加。

现在移动应用程序正在以非常强大的方式来连接市场、收集客户数据，并在新的平台上为客户提供服务。那么，究竟什么是移动应用程序？简单来讲，移动应用程序是在智能手机、平板电脑或移动设备上运行的计算机程序。它们可以通过诸如 Google Play 或 Apple 的 App Store 等提供。

关于移动应用的概念有很多，包括 Native App，Responsive Web，Web App，Hybrid App。弄清楚这些概念和区别，对于设计师来说是非常必要的。

- Native App：原生应用程序。
- Hybrid App：混合模式移动应用程序。它使用了原生的内核，表现形式上则采用 H5 技术来实现并封装 WebView，一般可以跨平台，在节约开发成本的同时保证原生的功能。典型的有掌上百度和淘宝客户端。
- Web App：网页应用程序。可以理解为打包了一个浏览器的网页应用，这个浏览器的地址栏已经锁死，只能浏览打包的网页，并依赖于网络。Apple 的 App Store 在其产品上架指南上要求：提交的应用程序应符合应用商店（App Store）的审查标准，否则你构建的 HTML5 Web 应用程序可以直接在网站上发布，但应用商店不接受或分发该 Web 应用程序。
- Responsive Web：响应式网页。是指为了保证各浏览设备的浏览体验而使用的弹性网页界面技术，它可以保证移动浏览器能够浏览体验已开发的 PC 端页面。不考虑交互，就界面而言，其与 Web App 和 Hybrid App 有些相似。

1. 移动应用程序的特点

这里把 Native App 和 Hybrid App 都定义为移动应用程序。不过 Hybrid App 在交互和用户体验上都稍微逊色一些。移动应用程序的特点如下。

（1）独立于互联网和具备缓存功能。移动应用程序的主要优势之一是在无网络的环境下也可以完成大部分功能，如拍照、定位等。信息可以存储在移动设备上，直到网络连接恢复，这些信息可以加载回网络。

（2）交互性/游戏性。尽管通过网络浏览器进行游戏和交互的功能正在改进，但仍然比不过计算机设备和移动设备的本地应用程序。因此想要体验像玩游戏一样的高度互动，必须选择 App。

（3）可调用系统原生功能。虽然谷歌宣布其浏览器可以推送通知给移动设备，但移动设备可能有更多的可操作功能：蓝牙、信标、地理围栏、WiFi、推送通知、应用程序结算等，这些功能是浏览器完成不了的。移动应用程序则可以使用这些系统原生功能。

2．Web 应用程序的特点

这里的 Web 应用程序指的是移动网站，如淘宝触屏版，其特点如下。

（1）开发门槛低。因为 Web 应用程序类似于一个网站，仅在此基础上增加了移动体验设计，以增强移动性。

（2）不依赖设备平台。Web 应用程序不依赖于操作系统（不需要为 iOS（Apple App Store）和 Android（Google Play）提供不同的应用程序），使用 Web 应用程序，Web 开发人员只需考虑浏览器的兼容性，而不需要考虑设备的兼容性。

（3）内容不受应用商店规则和条例的管制。Web 应用程序不在 Apple App Store 和 Google Play 的规则之内，因此它们可以按自己的规则进行发布。

（4）WebGL 的限制。WebGL 是 Web 浏览器的图形引擎，虽然它可以完成很多，但它仍然不是开发基于移动的 CPU 密集型应用程序或图形密集型应用程序的最佳引擎。

3．Web 产品开发与 App 产品开发的区别

（1）在不同场景下产品的尺寸不同。在 PC 端，展示面积比较大，展示效率也比较高，所以适合展示比较丰富的内容，也适合在一个页面里安排较复杂的操作；在移动端，展示面积比较小，不适宜像 PC 端那样包罗万象，而必须重点突出，产品链路也须尽可能得短。

（2）在不同场景下用户的使用习惯不同。相较于 Web 端的使用，App 的使用场景通常更加复杂。移动端使用场景的特点是时间短、频率高，并且容易受到其他 App 和外界的干扰而中断任务，简而言之即"碎片化"。因此在设计分析上非常强调对场景的理解和还原，需要考虑到各种可能干扰用户操作的因素；在具体设计上要求层级不能太深，一般不超过 3 层；同时应简化信息，突出重点，方便快速回到任务。

（3）不同场景下交互设计的侧重点不同。Web 端一般依赖鼠标进行单击，App 则通常直接用手指操作。鼠标光标在准确性上大于指尖，同时鼠标有悬浮及右键操作。而 App 直接采用手指操作的优势在于更加直接自然，配合各种手势可以更加灵活，在一定意义上相当于扩展了屏幕的"面积"。诸如缩放、旋转等操作相较于 Web 端更加方便且学习成本更低。同时移动端还可以采用动作、语音等多种交互方式。因此在设计上应该根据信息的重要程度、使用场景及信息对应的心理模型等方面灵活地采用多种操作方式。

（4）不同场景下输入、输出的方式不同。相较于 Web 端，智能手机内置的各种传感器使它能够获得更多维度的信息。例如在智能设备上同样是"单击"，单击的力度、频率、持续时间等都可以成为有意义的数据并反映在交互结果上；同时，智能手机等智能设备能够更方便地获取用户的指纹、心率等生理数据及所处环境的位置、方位、温度、光照、环境声音等多维度的信息并用于有用的输出。

4.1.2 App 产品常见 UI 组件

前面我们已经知道了 App 有原生和混合两种类型，其各自的开发框架也有所不同。尽管如此，它们 UI 组件还是基本相同的。

此处以 MUI 为例，介绍常见 UI 组件。

1．accordion（折叠面板，如图 4.1-2 所示）

图 4.1-2　折叠面板

2．actionsheet（操作表，如图 4.1-3 所示）

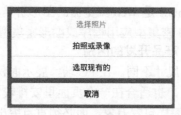

图 4.1-3　操作表

3．badges（数字角标，如图 4.1-4 所示）

图 4.1-4　数字角标

4．cardview（卡片视图，如图 4.1-5 所示）

图 4.1-5　卡片视图

5．date time（日期时间，如图 4.1-6 所示）

图 4.1-6　日期时间

6．nav bar（导航栏），如图 4.1-7 所示

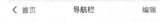

图 4.1-7　导航栏

7．offcanvas（侧滑菜单，如图 4.1-8 所示）

图 4.1-8　侧滑菜单

8．range（滑块，如图 4.1-9 所示）

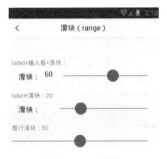

图 4.1-9　滑块

9. switch（开关，如图 4.1-10 所示）

图 4.1-10　开关

10. grid（九宫格，如图 4.1-11 所示）

图 4.1-11　九宫格

课堂练习 1 寻找 App 组件

　　打开自己手机上的任意一款 App，在进行简要的交互后，列出 App 所使用的组件（或元素），并用手绘方式简要记录下来，在小组中进行交流展示。

　　可以参考图 4.1-12 完成。

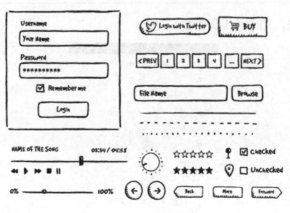

图 4.1-12　手绘 App 组件

4.1.3 App 产品交互设计注意事项

1. 简化流程，逻辑清晰

由于 App 产品的可跳转性差，建议设计上采用线性流程设计，避免任意的跳转，并且层级要少。

如图 4.1-13 所示是登录注册的流程优化方式。

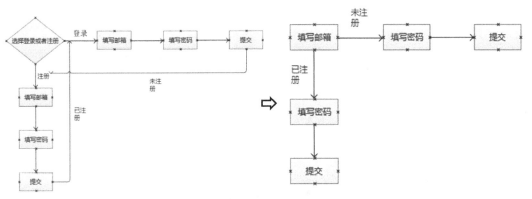

图 4.1-13　登录流程优化

2. 按钮大小与间距合理，减少操作失误

在设计中我们应该确定按钮的大小，按钮太小会影响用户操作。按钮太大也会影响页面中的其他内容。无论是 App 还是网页，单击都是一个最主要的交互事件。根据麻省理工学院的一项研究表明，人类手指指垫的平均尺寸是 10～14mm，而指尖的平均尺寸是 8～10mm。所以当用户要完成单击操作时，最小的尺寸应该为 10mm×10mm，如图 4.1-14 所示。

图 4.1-14　人类手指指垫尺寸

3. 为交互提供视觉反馈

根据用户操作提供不同的 UI 反馈，我们将交互过程拆分为：交互对象+交互行为+交互反馈。PC 端与移动端的交互类型各异，如图 4.1-15 所示。iOS 与 Android 也是有区别的，在交互行为上，Android 较多为操控层级。在设计上需考虑用户使用时操作的便利度，优化体验感。如按钮会有四种状态：Normal（正常），Pressed（按下），Selected（选中）和 Disabled（不可用），给用户提供相应的视觉反馈来告诉他们按钮当前所处的状态是很重要的，如图 4.1-16 所示。

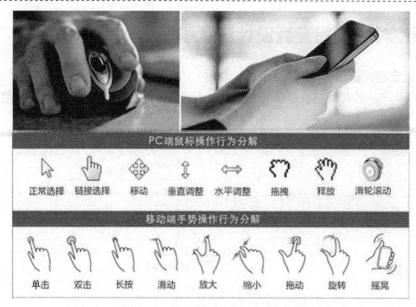

图 4.1-15　PC 端与移动端的交互类型

图 4.1-16　按钮四种状态

4．预设用途的图标设计

交互设计中有个称为"预设用途"的原则，要让用户一看见它就知道如何使用。使用在移动应用中，我们会以图标的方式代替文字，如图 4.1-17 所示。

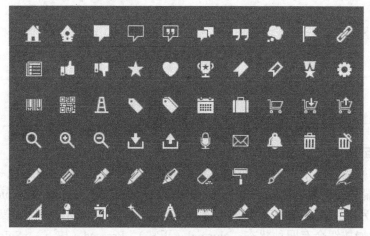

图 4.1-17　图标

任务实施

在项目分析阶段，我们已经知道 X 公司已经有了响应式网站，现在可以从已有的响应式网站——特别是响应式网站在移动设备下的呈现方式出发，根据 App 产品的常见表现和交互形式着手进行修改。

在此任务中需要完成线框图原型绘制：在草绘原型的基础上，使用 Axure 软件绘制 App 产品线框图原型。

1. 草图原型绘制

拿一张白纸或者印有移动界面的设计卡纸，将设计思路绘制出来，这里要提醒的是绘制要尽量简单明了，能体现内容布局和功能设置即可。

如图 4.1-18 所示仅供参考。

草图原型经讨论通过后，就可以使用 Axure 软件来绘制 App 产品的线框图原型了。

2. 使用 Axure 软件绘制 App 产品线框图原型

根据绘制的线框图，在 Axure 软件上实现其低保真原型。如果需要，可以设计关键页面，并设置页面交互，如图 4.1-19 所示仅供参考。

图 4.1-18　手绘参考

图 4.1-19　参考线框图

3. 讨论、展示和修改

在原型设计好后，还要与团队成员一起讨论修改，直到完成一个相对的定稿版本。

任务回顾

在本次任务中，我们学习了以下知识：

1. 厘清了 App 产品与 Web 产品的异同。

2. 了解了一些常见的 App 产品设计组件和元素。

3. 知道了 App 产品设计的注意事项。

4. 动手绘制了 App 产品组件。

将这些知识运用到项目中，完成了大卡车网站 App 产品的基本线框图原型设计。

任务拓展

了解并罗列常见的混合 App 产品开发框架。

【任务拓展分析及引导知识】

在 App 产品开发中，轻量（交互要求不高）的并且对互联网依赖度较高的产品逐渐采用了混合开发的方式，如淘宝、美团等的 App 产品。

前面介绍了 MUI 的框架组件。MUI 是典型的为混合开发方式提供的开源框架。其自称是最接近原生 App 产品体验的高性能前端框架，具有以下特征。

1. 轻量

追求性能体验是开始启动 MUI 项目的首要目标，轻量是重要特征；MUI 不依赖任何第三方 JS 库，压缩后的 JS 和 CSS 文件大小仅有 100 多 KB 和 60 多 KB。

2. 原生 UI

鉴于之前的很多前端框架（特别是响应式布局的框架），UI 控件看起来太像网页，没有原生感觉，因此追求原生 UI 感觉也是其重要目标。MUI 以 iOS 平台 UI 为基础，补充部分 Android 平台特有的 UI 控件。

3. 应用方式

下载 Hbuilder，选择新建"移动 App"，并选择"Hello MUI"工程模板，创建工程；然后通过数据线将手机连接计算机，单击运行，就可以在手机上体验 MUI 的各项功能。

任务2　使用 Photoshop 软件制作 App 产品效果图和应用图标原型

学习目标

1. 能够使用 Photoshop 软件制作 App 产品效果图；

2. 能够使用 Photoshop 软件制作 App 产品图标。

任务描述

本次任务要求在线框图设计的基础上，使用 Photoshop 软件制作 App 产品效果图和 App 产品图标。

为此，需要学习以下知识：

1. 在 Photoshop 软件中使用图标字体；

2. App 产品图标设计规范。

在此基础上，完成以下任务：

1. App 产品效果图制作；

2. App 产品图标制作。

知识学习与课堂练习

1. 为什么要设计效果图

虽然线框图解决了 App 产品规划布局的问题，但是还有一个重要的问题没有解决：产品的配色问题。

使用 Photoshop 软件来制作 App 产品效果图，就是要解决产品的配色问题，为产品的配色和主色定调。

基于这样的目标，其实我们并不需要为每一个页面都设计图片效果图。只需要设计主页面的效果图即可，当然，如果有时间或者有比较特殊的页面，你也可以多设计 1～2 个页面后再向领导汇报你的想法。

2. 图标设计规范

谷歌原质化设计（Material design）由谷歌提出，这一设计语言除了遵循经典设计定则，还汲取了最新的科技，秉承了创新的设计理念，构建跨平台和超越设备尺寸的统一体验。其中文版可以通过 http://design.1sters.com/ 浏览，英文原文地址为 http://www.google.com/design。

其对系统图标的设计规范描述如下。

（1）定义。

系统图标或者 UI 界面中的图标代表命令、文件、设备或者目录。系统图标也被用来表示一些常见功能，比如清空垃圾桶、打印或者保存。

系统图标的设计要简洁友好，有潮流感，有时候也可以设计的古怪幽默一点。要把很多含义精简到一个简化的图标上表达出来，如图 4.2-1 所示。当然要保证在这么小的尺寸下，图标的意义仍然清晰易懂。

图 4.2-1　简化图标

（2）设计原则。

① 展示一些黑体的几何形状。

一个简洁的黑体图形在采用对称一致的设计时，一样能够拥有独一无二的品质，如图 4.2-2 所示。

图 4.2-2　几何形状

② 网格、比例和大小。

图标网格是所有图标的基准网格并且具有特定的组成和比例。图标由一些对齐图标网格的平面几何形状组成。基本的平面几何形状有四种，具有特定尺寸以保证所有图标有一致的视觉感和比例。

两种形状相同、尺寸不同的图标集供你在应用程序中使用：状态栏、上下文图标集和操作栏、桌面图标集。图标网格如图 4.2-3 所示。

图 4.2-3　图标网格

③ 圆角。

正方形和矩形都应该添加圆角，也可以同时使用圆角和尖角，这样更具凸凹感。所有由笔画或线条组成的图标都有尖角，如图 4.2-4 所示。

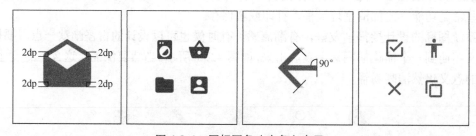

图 4.2-4　图标圆角（尖角）应用

每一个尺寸的系统图标集使用不同大小的圆角以保证视觉的一致性，如图 4.2-5 所示。

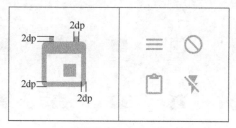

图 4.2-5　不同大小的圆角

④ 一致性。

一致性非常重要，尽可能使用系统中提供的图标，在不同的 App 中也一样，如图 4.2-6 所示。

图 4.2-6 统一风格图标

⑤ 上下文和应用中的图标。

图标网格决定了图标位于一个固定大小（24dps）的区域内，如图 4.2-7 所示。

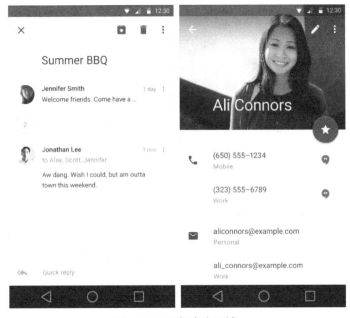

图 4.2-7 图标大小区域

（3）图标设计尺寸。

如图 4.2-8 所示是 MUI 给出的图标设计尺寸。

3. 图标设计思路

（1）用 logo 做图标。

① 本身是 PC 端应用程序。它们在 PC 端有应用程序的桌面图标，在长期的改版下，基本上固定不变成了其产品的 logo。在手机端，这个图标自然而然就被沿用下来了，如 QQ、优酷等，如图 4.2-9 所示。

② 以移动互联网为主要业务的公司。这些公司以一款或几款 App 产品为公司的主要业务。因此，在公司商标注册、logo 设计上会有意识与 App 桌面图标综合考虑。这种情况下产生的 logo 和图标基本就是一个了。如饿了么，陌陌等，如图 4.2-9 所示。

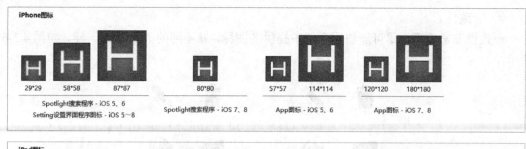

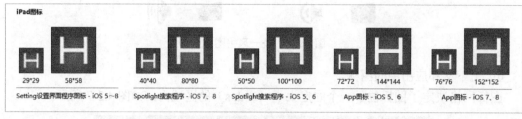

图 4.2-8　图标设计尺寸

图 4.2-9　logo 做图标

（2）logo 稍做修改后做图标。

有很多企业本身具有不小的品牌影响力，在业务延伸到移动端时，用自身被大多数人所熟知的品牌 logo，显然识别度更高，但由于桌面图标在手机屏幕上呈现时本身的局限性，直接用于桌面图标是不合适的（或者不是最优的）。为了识别度和图标化，往往采用 logo 的局部或者最具品牌特征的一部分作为桌面图标。大多是一些网站的 App，如 58 同城、淘宝、支付宝、搜狐等，如图 4.2-10 所示。

图 4.2-10　优化的 logo 图标

（3）像对待 logo 一样去设计一个图标。

在样式上，注重识别；色彩上，统一色调；风格上，连贯一致，如图 4.2-11、图 4.2-12 所示。

图 4.2-11　重设计图标

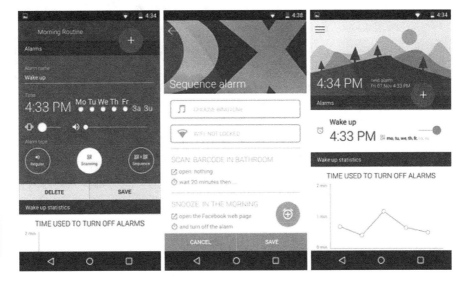

起床助手

图 4.2-12　风格统一图标

任务实施

1．设计效果图

在线框图的基础上，使用 Photoshop 软件制作页面效果图。

参考主页效果图如图 4.2-13 所示。

2．设计产品图标

参考图标设计如图 4.2-14 所示。

任务回顾

在本次任务中，我们学习了以下知识：

1．效果图的作用。

2．图标的设计规范。

我们将这些知识运用到项目中，完成了大卡车网站 App 产品的效果图和图标的设计。

图 4.2-13　4 个关键性主页效果图

图 4.2-14　图标设计

任务拓展

请根据 App 产品的特征，设计启动图片或引导页。

引导知识

1. 启动图片的格式

在 App 第一次启动时，会有启动图片，如图 4.2-15、4.1-16 所示。

启动图片必须为 png 格式，不支持其他格式的图片修改后缀名后得到的 png 图片。

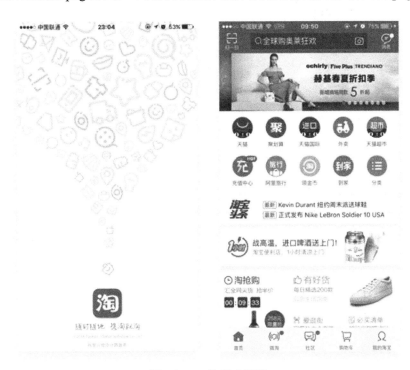

图 4.2-15　淘宝启动页

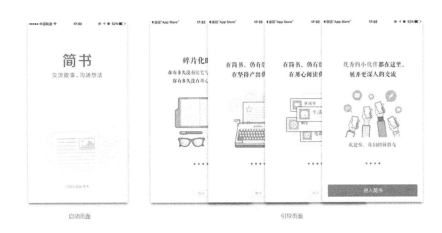

图 4.2-16　启动页与引导页的区别

2. 启动图片的建议分辨率

以下是 MUI 在发布时建议的启动图片分辨率。

（1）iOS 启动图片设置，如图 4.2-17 所示。

iPhone5/iPhone5s启动图片 640x1136	iPad iOS7竖屏启动图片 768x1024
iPhone6启动图片 750x1334	iPad iOS7横屏启动图片 1024x768
iPhone6 Plus竖屏启动图片 1242x2208	iPad高分屏竖屏图片 1536x2008
iPhone6 Plus横屏启动图片 2208x1242	iPad高分屏横屏启动图片 2048x1496
iPad竖屏启动图片 768x1004	iPad iOS7高分屏竖屏图片 1536x2048
iPad横屏启动图片 1024x748	iPad iOS7高分屏横屏图片 2048x1536

图 4.2-17   iOS 启动图片分辨率

（2）Android 启动图片设置。

由于 Android 手机屏幕类型很多，其启动图片分辨率如图 4.2-18 所示，如果未手动设置其他分辨率，遇到没有对应分辨率时，系统会自动选取临近的分辨率显示图片。

高分屏启动图片 480x800
720P高分屏启动图片 720x1280
1080P高分屏启动图片 1080x1920

图 4.2-18   Android 启动图片分辨率

3. 参考范例

启动图片参考范例如图 4.2-19～4.2-21 所示。

图 4.2-19   气氛营造型

图 4.2-20　扩展定制型

图 4.2-21　信息强调型

任务3　使用 Axure 软件制作 App 产品高保真视觉原型

学习目标

1. 能够使用 Axure 软件制作 App 产品高保真视觉原型；
2. 能够使用 Axure 软件发布高保真视觉原型。

任务描述

本次任务要求在线框图设计和效果图设计的基础上，使用 Axure 软件制作 App 产品高保真视觉原型并发布原型演示产品。

为此，需要学习以下知识：

1. 如何结合效果图把线框图设计为高保真视觉原型；

2. 使用 Axure 软件制作 App 产品的交互效果。

在此基础上，完成以下任务：

1. App 产品高保真视觉原型制作；

2. 发布 App 产品高保真视觉原型。

知识学习与课堂练习

1. 效果图与线框图的关系

其实我们在设计效果图的时候已经明确，效果图关注配色和细节，线框图关注布局和交互等。所以在设计时，应该先绘制线框图，再制作效果图。效果图和线框图是相互补充的，单纯只有效果图或者只有线框图，都不能很好地反映出产品的原貌。融合了效果图和线框图的产品，称之为高保真视觉原型图。

2. 线框图制作为高保真视觉原型的方法

在完成线框图和效果图后，可以用通过 Axure 软件来制作高保真视觉原型。

创作过程可以参考以下操作步骤。

（1）替换线框图中的图片。

（2）替换线框图中的图标等 Axure 软件不能完成的视觉效果。

（3）检查保证配色一致。

3. 使用 Axure 软件制作 App 产品的交互效果

在交互设计上，根据任务 4.1 中 App 产品交互设计注意事项进行完善，并在 Axure 软件上实现，这里不再赘述。

任务实施

1. 制作高保真视觉原型

根据 Photoshop 软件设计的效果图，结合线框图稿，在 Axure 软件中将线框图修改为高保真（1:1）视觉原型。如图 4.3-1、图 4.3-2 所示（仅供参考）。

2. 制作 App 产品的交互

根据 App 产品交互设计，为其添加交互。包括以下内容。

（1）给所有菜单添加交互。

当内容为当前页时，图标和字体样式为红色，优惠活动有信息时加红色上标，如图 4.3-3 所示。

（2）为内容页添加滚动。

当内容页面内容太多时，需要添加上下滑动交互动作，如订单管理、优惠活动等。

3. 发布项目

在 Axure 软件中执行"发布"→"生成 HTML 文件"操作，发布项目文件，用于团队讨论展示。

图 4.3-1　高保真视觉原型 1

图 4.3-2　高保真视觉原型 2

图 4.3-3 交互菜单原型

任务回顾

在本次任务中，我们学习了以下知识：

1．效果图与线框图的关系。

2．线框图制作为高保真视觉原型的方法。

3．使用 Axure 软件制作 App 产品的交互效果。

我们将这些知识运用到项目中，完成了大卡车网站 App 产品的高保真视觉原型制作。

任务拓展

请根据 WeUI 规范对 App 产品的界面和交互改造我们的原型设计。

【任务拓展分析及引导知识】

项目开始时已经提到，如果有可能还会上线微信小程序。微信小程序与企业的 App 产品其实在后台逻辑上是一致的，几乎不用做任何改动。对界面、流程等进行"微信"改造才是我们工作的重点。其实微信开发团队为了保证微信小程序对用户的体验，其发布了一个为微信 Web 服务量身定做的 WeUI。

1．WeUI

WeUI 是微信设计团队为微信网站开发量身定制的微信类 UI 界面，旨在为微信用户提供更加标准化的体验。包括分组如 button，cell，dialog，progress，toast，article，actionsheet，icon。可通过 https://weui.io 地址查看。

2．WeUI 基础组件介绍

作为 UI 设计人员，为了与前端工程师团队有更好的沟通，在设计微信小程序应用时，建议使用 WeUI 组件进行设计，以达到风格上的统一。

（1）WeUI 徽章，如图 4.3-4 所示。

图 4.3-4 WeUI 徽章

（2）WeUI Flex 布局，如图 4.3-5 所示。

图 4.3-5　WeUI Flex 布局

（3）WeUI 页脚，如图 4.3-6 所示。

图 4.3-6　WeUI 页脚

（4）WeUI 九宫格，如图 4.3-7 所示。

图 4.3-7　WeUI 九宫格

（5）WeUI 图标，如图 4.3-8 所示。

图 4.3-8　WeUI 图标

（6）WeUI 表单预览，如图 4.3-9 所示。

图 4.3-9　WeUI 表单预览

（7）WeUI 进度条，如图 4.3-10 所示。

图 4.3-10　WeUI 进度条

（8）WeUI 加载更多，如图 4.3-11 所示。

Loadmore

加载更多

正在加载

暂无数据

图 4.3-11　WeUI 加载更多

（9）WeUI 面板，如图 4.3-12 所示。

图 4.3-12　WeUI 面板

（10）WeUI 导航条，如图 4.3-13 所示。

图 4.3-13　WeUI 导航条

（11）WeUI 搜索栏，如图 4.3-14 所示。

图 4.3-14　WeUI 搜索栏

3. 其他 UI 组件

其他 UI 组件如表单、操作反馈等限于篇幅，这里不再一一展示，请前往 https://weui.io 查看。